本书由淮南师范学院学术专著出版基金资助出版

区块链
技术原理、应用与扩展

余 斌 著

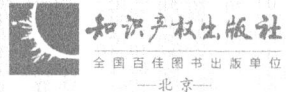

知识产权出版社
全国百佳图书出版单位
——北京——

图书在版编目（CIP）数据

区块链技术原理、应用与扩展 / 余斌著. — 北京：知识产权出版社，2025.5.
ISBN 978-7-5130-9947-9

Ⅰ.TP311.135.9

中国国家版本馆 CIP 数据核字第 2025A76Q86 号

内容提要

本书不仅系统地介绍了区块链技术的基本概念、核心原理和应用场景，还深入探讨了区块链技术面临的挑战和未来发展趋势。本书将成为广大读者了解区块链技术的入门指南，也将为区块链技术的研究和应用提供有益的参考。

责任编辑：高　源　　　　　　　　责任印制：孙婷婷

区块链技术原理、应用与扩展

QUKUAILIAN JISHU YUANLI、YINGYONG YU KUOZHAN

余　斌　著

出版发行：	知识产权出版社 有限责任公司	网　　址：	http://www.ipph.cn	
电　　话：	010-82004826		http://www.laichushu.com	
社　　址：	北京市海淀区气象路 50 号院	邮　　编：	100081	
责编电话：	010-82000860 转 8701	责编邮箱：	laichushu@cnipr.com	
发行电话：	010-82000860 转 8101	发行传真：	010-82000893	
印　　刷：	北京中献拓方科技发展有限公司	经　　销：	新华书店、各大网上书店及相关专业书店	
开　　本：	720mm×1000mm　1/16	印　　张：	14	
版　　次：	2025 年 5 月第 1 版	印　　次：	2025 年 5 月第 1 次印刷	
字　　数：	204 千字	定　　价：	88.00 元	

ISBN 978-7-5130-9947-9

出版权专有　侵权必究

如有印装质量问题，本社负责调换。

序一

余斌博士这部关于区块链的著作，让我欣喜不已。区块链技术作为一项颠覆性的技术创新，正在深刻地改变着我们的世界，也吸引着无数年轻人投身其中。余斌博士正是其中的一位佼佼者，他以敏锐的洞察力和扎实的学术功底，深入探索区块链技术的奥秘，并将研究成果和思考汇聚成这部著作。

该书的写作，源于余斌博士对区块链技术未来发展的坚定信念和执着追求。他认为，区块链技术不仅是一项技术创新，更是一场社会变革的引擎，它将重塑我们的信任体系、价值体系和社会结构。为了让更多人了解区块链技术、理解区块链技术带来的机遇和挑战，余斌博士花费了大量的时间和精力，完成了这部兼具深度和广度的著作。

该书不仅系统地介绍了区块链技术的基本概念、核心原理和应用场景，还深入探讨了区块链技术面临的挑战和未来发展趋势。余斌博士在书中提出了一些独到的见解，例如，他对区块链基础原理、行业应用、性能扩展等方面的研究，都展现了他深厚的学术功底和创新精神。

我相信，该书将成为广大读者了解区块链技术的入门指南，也将为区块链技术的研究和应用提供有益的参考。希望余斌博士和大家一起在区块链技术的道路上持续探索，为推动区块链技术的发展作出更大的贡献。

中国科学院合肥物质科学研究院博士生导师

序二

区块链技术的魔性在于,它既是工程师的造物,又俨然具备了生命体的演化逻辑。从比特币白皮书破土而出的那刻起,这个"信任机器"便以代码为骨架、密码算法为血液,在传统经济体系的断层带上野蛮生长。当我们还在争论加密货币的合法性时,它已悄然重构了价值流转的拓扑结构;当监管者试图划定边界时,智能合约早已在百万行代码中构建起"自治城邦"。这种技术原生的颠覆性需要我们不断地探究本原、拓展边界,恰如尼采的箴言:"越是向往高处的阳光,它的根就越要伸进黑暗的地底。"

面对可扩展性这座区块链的巴别塔,余斌博士既没有陷入技术原教旨主义的狂热,也未向功利主义妥协,而是将这场复杂的技术革命分解为 x 层技术解剖学。数据层的加密艺术令人想起"二战"时期的密码战,只是如今的"矿工"们不再冒着枪林弹雨,只需在哈希碰撞的数学战场上挥汗如雨;共识算法章节堪比拜占庭将军问题的现代剧场,权益证明与工作量证明的角力演绎着数字民主的进化论;而智能合约则是数字时代的"汉谟拉比法典",以代码为律令,在虚拟机器的城邦中严谨执行,足以让古罗马的十二铜表法相形见绌。

书中案例亦堪称当代数字文明的浮世绘:跨境支付领域,SWIFT 系统与区块链的缠斗犹如金融版的特洛伊战争;医疗数据沙盒里,患者隐私在零知识证明的庇护下跳起加密芭蕾;政务链上,选票与审计报告在分布式账本中获得了数字永生。这些鲜活的实践印证着余斌博士的洞见:区块链不是技术乌托邦，而是数字时代的"社会契约 2.0"。当你在深夜的屏幕前与架构和算法较劲时，不妨翻一翻这部书，或许比咖啡因更能点燃你的神经元突触。

在这个算法日渐侵蚀人性的时代，区块链技术既可能是普罗米修斯的火种，也可能成为达摩克利斯之剑。但正如作者在结语中所言："我们塑造区块链的同时，区块链也在重塑我们对信任、权力与价值的认知。"这部立足当下、着眼未来的著作，或许正是开启这场双向重塑的密钥。

中国科学技术大学博士
安徽中科晶格技术有限公司 CTO

目 录

第 1 章 区块链基础 ·· 1

  1.1 区块链的产生 ·· 1

  1.2 区块链的基本概念 ·· 4

  1.3 区块链的类型 ·· 15

第 2 章 区块链技术 ·· 20

  2.1 区块链的分层架构 ·· 20

  2.2 区块链的内部结构 ·· 29

  2.3 区块链的运行流程 ·· 36

第 3 章 区块链应用 ·· 39

  3.1 区块链的发展 ·· 39

  3.2 区块链系统 ·· 44

  3.3 区块链工具类应用 ·· 46

  3.4 区块链通用服务应用 ·· 50

  3.5 区块链的产业化应用 ·· 55

第4章 区块链的可扩展性 ... 64

- 4.1 区块链现状分析 ... 64
- 4.2 区块链不可能三角 ... 69
- 4.3 可扩展技术方案及分析 ... 73

第5章 数据存储扩展 ... 80

- 5.1 分布式数据存储技术 ... 81
- 5.2 存储扩展研究现状及分析 ... 83
- 5.3 数据存储扩展模型总体设计 ... 88
- 5.4 模型定义 ... 91
- 5.5 模型构建 ... 96
- 5.6 实验分析 ... 103
- 5.7 本章小结 ... 113

第6章 网络传输扩展 ... 115

- 6.1 P2P网络技术 ... 116
- 6.2 传输扩展研究现状及分析 ... 118
- 6.3 背景与动机 ... 123
- 6.4 网络传输扩展模型 ... 127
- 6.5 模型构建 ... 135
- 6.6 分析与讨论 ... 141
- 6.7 本章小结 ... 150

第7章 区块链的共识扩展 ... 152

- 7.1 共识机制 ... 152

7.2 共识协议改进模型 ··· 155
7.3 共识协议改进模型构建 ··· 157
7.4 实验分析 ·· 169
7.5 本章小结 ·· 178

第 8 章 区块链的应用扩展 ··· 179
8.1 区块链技术应用的背景 ··· 180
8.2 区块链技术应用的方式 ··· 183
8.3 区块链技术应用架构设计 ······································ 186
8.4 系统设计与实现 ·· 189
8.5 分析与讨论 ··· 199
8.6 本章小结 ·· 205

参考文献 ··· **206**

第1章 区块链基础

1.1 区块链的产生

1.1.1 产生的背景

2008年,全球性金融风暴爆发,一个署名中本聪(Satoshi Nakamoto)的神秘人(或组织)发表了一篇题为 *Bitcoin: A Peer-to-Peer Electronic Cash System* 的论文。这篇被称为"比特币白皮书"的论文首次提出了比特币的设计思想,标志着区块链技术的诞生。

区块链采用了分布式数据存储技术、P2P(Peer-to-Peer)网络技术、数据加密技术、共识算法、云计算技术、智能合约等关键技术,是相关技术发展到一定阶段的必然产物。区块链采用的分布式数据存储技术,其最早的形式可以追溯到20世纪70年代诞生的分布式数据库。区块链技术也是一门涉及计算机科学、数学、经济学、法律、密码学、信息安全、网络、博弈论等多个领域的交叉学科。

区块链技术具有去中心化、不可篡改、可追溯、公开透明、无须信任第三方等特性，其应用有着广阔的前景。随着智能合约、共识机制等技术的不断发展及去中心化应用（Decentralized Application，DApp）的加速推广，区块链技术降低了信任成本，给当前传统的信息化和互联网带来了新的变革，因而未来在物流、物联网、大数据、人工智能等领域也必将有一定的影响力。

1.1.2 区块链特性

1. 去中心化

区块链是由多个节点共同维护的，一个节点的加入和退出不影响区块链的运行。区块链节点通过不同的共识机制产生新区块，从而维护区块链的正常运行。

与传统的信息化系统不同，区块链系统没有中心化服务器，所有节点都是对等的，即每个节点既是服务端又是客户端。所有节点都遵守一套区块链协议，并采用特定的共识机制，以达成一致。按照协议，区块链系统不需要一个中心化的管理机构，完全可以依靠共识机制运行。

2. 不可篡改

常见的区块链系统一般都采用链式数据结构，即每个区块都链接到前一个区块。每个区块的区块头信息中都包含了父区块（前一个区块）的哈希（Hash）值，区块的哈希值是通过选定的哈希算法对区块头数据计算得出的。各区块通过存储父区块的哈希值链接到前一个区块，以此保障区块链的不断增长。另外，区块链网络中的任何一个节点都会对每个区块进行验证，不能通过验证的区块将不会链接到区块链中。如果一个黑客或攻击者篡改了区块链的某个区块中的数据，则该区块的哈希值将发生变化，同时，该区块下一个区块中父区块的哈希值也要同步变化，否则该区块及后续区块将验证不通过。但其他诚实节点一方面在不断地产生新区块，另一方面对其他节点产生的区块进行验证，被篡改的区块将不能被其他节点验证通过，也就无法链接到区块链中，从而保障了区块链中已经上链的数据不可篡改。

3. 可追溯

区块链的可追溯性主要体现在两个方面：区块链自身数据的可追溯性和上链业务数据的可追溯性。

一方面，区块链自身数据是可追溯的。由于区块链采用了链式数据结构，从任何一个区块开始，都可以对区块进行验证，并向前追溯，最终追溯到该区块链的第一个区块，即创世区块。

另一方面，区块链中上链业务数据是可追溯的。区块链系统的业务数据上链都是通过发送交易来实现的。交易通过验证之后，最终被包含到一个区块中，从而实现业务数据的上链。每条已上链的业务数据都会对应一个区块中的一笔交易，通过该笔交易的信息，可以追溯业务数据的上链时间、上链操作人、所在区块高度等相关信息。

4. 公开透明

在区块链系统中，任何一个加入区块链网络的节点都可以同步区块链账本数据。通过对区块链协议和数据结构的分析，可以解析每个区块及区块中包含的所有交易数据，从而查看每笔交易的发送人、接收者、转账金额、转账时间等信息。对于知名度较高的公有链，可通过区块链浏览器直观地查看区块链中的区块、交易等数据，这些数据都是公开透明的。

但区块链中的交易发送人、接收者对应的是区块链中的账户地址，即字母、数字组成的字符串，并不对应现实世界中某个人的真实姓名，除非这些账户的拥有者有意识公开这些信息，否则很难查询到这些账户在现实世界中的真正拥有者。

5. 无须信任第三方

区块链网络是以去中心化方式组织的，各个节点相互对等，没有传统信息化系统中的服务器，无须依赖服务器保障系统的运行；另外，区块链的运行也不需要第三方机构维护和管理，各个节点通过区块链协议和共识机制共同维护区块链系统的运行。

一个比较典型的例子是转账业务。传统的转账方式需要信任银行，由中心化的银行完成转出用户和转入用户账户的余额更新；而在区块链系统中转账只需要由转出用户发起一笔对转入用户转账的交易，即可完成点对点的转账功能，无须中心化的第三方参与。

区块链除了拥有去中心化、不可篡改、可追溯、公开透明、无须信任第三方等特性，还具有保护数据安全、数据共享、合约保障执行力、去中心化数字身份、隐私保护等能力，区块链的各项产业化应用都利用了区块链这些特性中的某项或几项。

1.2 区块链的基本概念

1.2.1 区块链

自比特币出现以来，区块链技术受到了学术界和产业界的广泛关注，相关的研究论文、文献，以及各种区块链项目层出不穷，区块链的不同定义也大量涌现，但目前还没有形成行业公认的区块链定义。

国际标准化组织（International Organization for Standardization，ISO）将区块链定义为使用密码技术将共识确认过的区块链接在一起，并按顺序追加而形成的分布式账本。

美国国家标准与技术研究院（National Institute of Standards and Technology，NIST）在《NIST机构间报告草案（NISTIR）8202：区块链技术概述》文件中介绍了区块链的概念，指出区块链是一种分布式数字账本，账本中的每个区块包括一组使用密码签名的交易，每个区块在通过验证并经过共识形成后，以密码方式链接到前一个区块，防止被篡改。当新的区块被增加后，越旧的区块变得越难以被篡改，新的区块被网络中的记账节点复制，任何冲突都能根据预先确立的规则自动解决。

IBM公司给出区块链的定义为：区块链是一个共享的、不可篡改的账本，用于促进业务网络中的交易记录和资产跟踪。资产可以是有形的（如房屋、汽车、现金、土地），也可以是无形的（如知识产权、专利、版权、品牌）。几乎任何有价值的东西都可以在区块链网络上跟踪和交易，从而降低各方面的风险和成本。

从技术角度分析，我们认为狭义的区块链技术是一种以链式数据结构的形式组织的分布式账本技术，它将新产生的经过节点共识形成的区块链接到区块链的前一个区块，并以密码学原理保证数据的不可篡改。广义的区块链是一种去中心化的分布式网络系统，能够在无须信任第三方的前提下，达成所有节点之间的共识，形成不可篡改的分布式账本。

1.2.2 区块和交易

区块首尾链接形成区块链。一般情况下，区块包括前一个区块的哈希值、本区块时间戳、版本等基本信息，本区块包含的交易数据列表等。一笔交易一般包括发送者、接收者、转账金额、附言、签名等信息。交易是由交易发送者发起的，区块是由区块生产者收集交易并构建的，且经过所有节点共识之后形成。

我们可以将区块链理解为一列火车，区块则是首尾链接在一起的车厢，这些车厢一旦链接在一起之后，就不能再脱开链接或重新链接，交易则可以理解为车厢里的每位旅客。

1.2.3 记账模型

不同的区块链系统采用不同的记账模型。当前最主流的两种记账模型是账户/余额模型和未花费的交易输出（Unspent Transaction Output，UTXO）模型。

1. 账户/余额模型

账户/余额模型的典型代表是以太坊。该模型以账户为基础，使用区块链的用户必须拥有至少一个账户且可以发送交易；区块链存储了每个账户的最新状态，包括账户余额等信息，账户余额代表账户在该区块链中拥有的通证数量，所有账户的最新状态组织成一棵默克尔（Merkle）树，树根（Merkle Root）代表区块链的最新世界状态。

账户/余额模型与我们现实世界中的银行账户很类似，每个用户拥有一个或多个银行账户，银行账户记录了账户的余额等信息。以以太坊为例，账户/余额模型中不同账户之间的转账过程如图1-1所示。

图1-1中，区块 n 中的所有交易执行完成之后，每个节点都会形成一致的状态，即账户 A_1、A_2、A_3 的余额分别为10、20、30。继续执行区

块 $n+1$ 中的交易,在交易 T1 中,账户 A1 向账户 A2 转账 3 个单位的通证,则账户 A1、A2、A3 的账户余额更新为 7、23、30;继续执行交易 T2,账户 A2 向账户 A3 转账 5 个单位的通证,则账户 A1、A2、A3 的账户余额更新为 7、18、35。可见,在区块中的交易集合和交易排序确定之后,各节点在执行完区块中所有交易时,账户的余额是可验证的,且每个节点存储的账户余额最终应该是一致的。

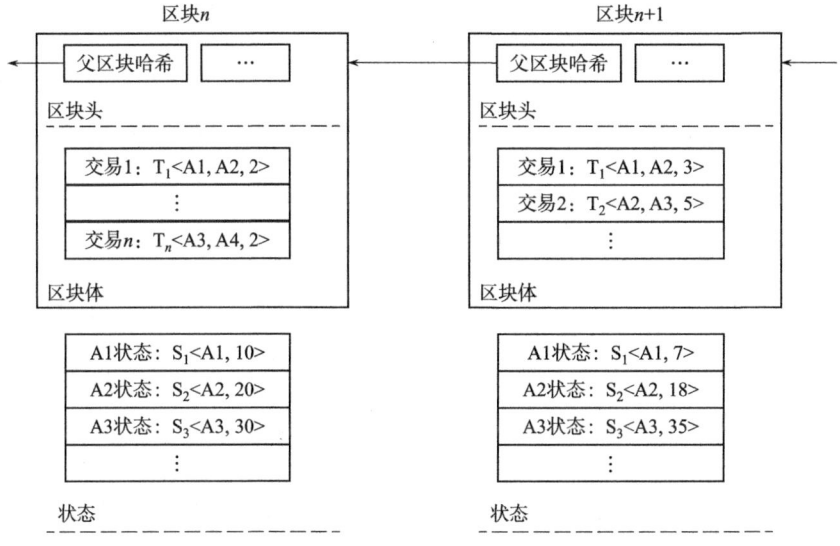

图 1-1 账户/余额模型的转账过程

账户/余额模型具有以下三个特点。

① 简洁设计,易于理解。账户/余额模型比较贴近现实生活的银行账户和余额,所以易于理解。另外,其统一了智能合约账户(Smart Contract Account,CA)和外部账户(Externally Owned Account,EOA),其状态数据同样采用统一方式存储管理。

② 账户/余额聚合管理。账户/余额模型交易是一个账户对另一个账户的模式,转账时不会新增一个账户,多余的手续费也会退回到发送者账户;而在 UTXO 模型中交易可以是多个输入对多个输出的模式,需要对多

个输入进行验证,且余额会被转到一个新增的输出中。

③ 状态数据与区块数据解耦。账户/余额模型中,区块仅需存储状态数据的默克尔树根,提升了区块数据的传输效率,降低了区块数据的存储空间,且能够对状态数据进行验证。

2. UTXO 模型

UTXO 模型在比特币中是第一次应用。在该模型中,交易分为输入和输出两个部分,一笔交易可以包含多个输入和多个输出,且至少有一个输入和一个输出。每个输入都必须对应到之前区块中的一个未花费的交易输出,若某个输出已经被一笔交易花费掉,则其不能再作为另一笔交易的输入。每个输出都包含了接收者地址、接收到的通证数量,只有未花费的交易输出中的通证数量才是接收者的余额。一笔交易的所有输入通证数量之和与所有输出通证数量之和的差值为交易手续费,奖励给区块生产者。UTXO 模型的转账过程如图 1-2 所示。

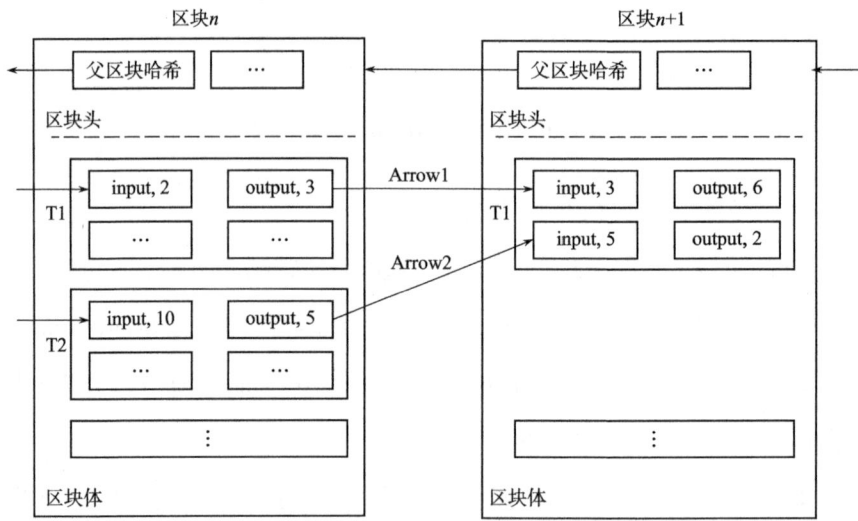

图 1-2 UTXO 模型的转账过程

在图 1-2 中，区块 n 的交易 T1 和 T2 都有多个输入和多个输出，假设交易 T1 和 T2 的第一个输出都是转账给同一个用户，则该用户在下一个区块 n+1 的交易 T1 中，就可以同时将这两个未花费的交易输出作为输入，即图中箭头 Arrow1 和 Arrow2 的指向。在区块 n+1 的交易 T1 中，该用户要转账给另一个用户 6 个单位的通证，则可以将区块 n 的交易 T1 和 T2 中的第一个未花费的交易输出作为输入，多出的 2 个单位的通证将作为该用户的另外一个未花费的交易输出转给该用户自己。

UTXO 模型具有以下两个特点。

第一，可扩展性强。每个 UTXO 之间相互独立，拥有 UTXO 的用户可以任意选择一个或多个 UTXO 进行转账交易，只需确保同一个 UTXO 不被花费两次，即"双花"。

第二，保护隐私。每个 UTXO 均由独立的私钥进行保护，只有拥有该 UTXO 私钥的用户才能花费该 UTXO。如果一个 UTXO 在一笔交易中被花费，则不能再次作为输入进行重复花费，转账多出的通证将产生一个新的 UTXO。

1.2.4 密码学

1. 哈希算法

哈希算法也称"散列算法"或"杂凑算法"，它是一类可将任意长度的输入数据转化为固定长度输出数据的算法。哈希函数的数学表达形式如式（1-1）：

$$h = H(m) \tag{1-1}$$

其中，m 表示任意长度的输入数据；H 表示哈希算法的具体实现；h

表示固定长度的输出数据,即哈希值。

哈希算法的种类与实现方式非常多,比较知名的有 MD 系列和 SHA 系列等。MD 系列包括 MD2、MD4、MD5 等,SHA 系列包括 SHA-0、SHA-1、SHA-2、SHA-3 等。其中,最常用的是 MD5 和 SHA-256(SHA-256 属于 SHA-2 家族)。

哈希算法如图 1-3 所示。

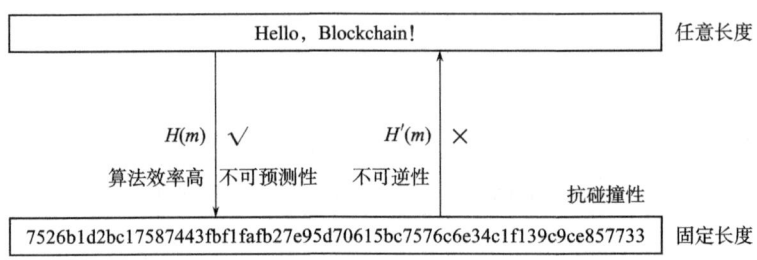

图 1-3 哈希算法示意图

哈希算法一般具有以下五个特点。

① 输入数据可以是任意长度,输出数据长度是固定的。哈希算法输出数据即哈希值没有任何含义,且为固定长度的比特值,SHA-256 算法的哈希值为 256 比特位(32 字节)的数据。

② 不可逆性,即输入数据 m 通过哈希算法可以计算出哈希值 h,但通过哈希值 h 无法计算出输入数据 m。可以说,哈希算法是单向不可逆的,且哈希值完全隐藏了输入数据,一般情况下,无法从哈希值计算出源数据。

③ 哈希算法效率高。从输入的源数据能够快速计算出其哈希值,哈希算法的高效性有利于其应用的推广。

④ 抗碰撞性。理论上,SHA-256 算法中有 2^{256} 个不同的哈希值。因此,很难找到两个不同的输入数据,其输出的哈希值是一样的。从理论上分析,对于任意的 $2^{256}+1$ 个输入数据,肯定存在两个输入数据的哈希值是一样的,即"哈希碰撞"。但按照目前的计算机算力水平,很难找到哈希

值一样的两个不同的输入数据。

⑤ 不可预测性。对于任意一个输入数据，在通过哈希算法计算之前，无法预测到其哈希值。另外，无法通过改变输入数据获得一个想要的哈希值。

哈希算法在区块链中的应用场景非常多，例如，区块头中存储的交易默克尔树根即为所有交易两两哈希计算，最终得到一个哈希值；区块中存储的父区块哈希值即为上一个区块的区块头数据的哈希值。

2. 对称密钥算法

对称密钥算法是指在加密和解密时使用相同密钥的算法。使用对称密钥进行加密解密的过程如图 1-4 所示。

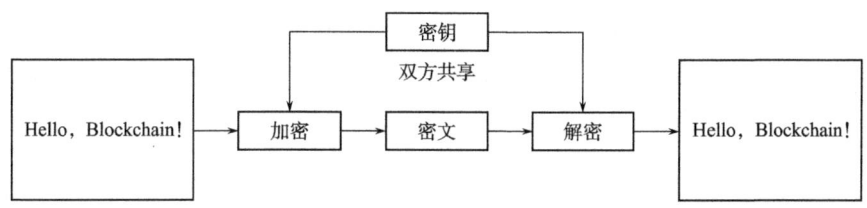

图 1-4　对称密钥加密解密的过程

首先，加密方选用一种对称密钥算法，生成一个密钥，或由解密方生成一个密钥，并共享给加密方；解密方使用共享的密钥对密文进行解密。解密时，加密方需要将加密之后的密文以及密钥交给解密方，解密方使用共享的密钥对密文进行解密，得到加密之前的源数据。

常见的对称密钥算法有数据加密标准（Data Encryption Standard，DES）、高级加密标准（Advanced Encryption Standard，AES）等。对称密钥算法的优点主要有加密解密效率高、加密强度高，其缺点是需要一个安全的密钥共享方式。在对称加密中，加密密钥的保存非常重要，密钥一旦被泄露，使用该密钥加密的数据都有泄露的风险；另外，密钥被泄露后，无法追溯到是谁泄露的,因为密钥是加密方和解密方共享的;在区块链系统中,节点之间是点对点通信的,因此每两个节点之间需要使用一个密钥。在区块链网络中节点较多时,密钥管理的复杂度较高。

3. 非对称密钥算法

1976年,迪菲(Diffie)和赫尔曼(Hellman)首次提出非对称密钥算法,并得到了广泛运用,常用的非对称密钥算法包括 RSA❶、ElGamal❷ 等。

非对称密钥体系又称"公钥密钥体系"。在使用对称密钥进行加密解密过程中,加密方和解密方需要共享密钥。与之不同,使用非对称密钥进行加密解密时需使用不同的密钥:加密密钥和解密密钥。这两个密钥是成对的,加密密钥被称为"公钥",可以对外公开;解密密钥被称为"私钥",不能对外公开。根据私钥能够计算出公钥,但根据公钥基本不可能计算出私钥。

非对称密钥的数学原理可以简单理解为:一个大数可以分解为两个因数,大数即为公钥,两个因数即为私钥,两个因数相乘很容易得到大数,但大数分解可能得到不同的因数,且这里的大数是一个极大的数,因此很难被破解。

使用非对称密钥进行加密解密过程如图1-5所示。

① 解密方选用一种非对称密钥算法,生成一对密钥(公钥和私钥),并将公钥对外公开。

② 得到该公钥的加密方使用该公钥对源数据进行加密,并将加密之后的密文发送给解密方。

---

❶ 由 Ron Rivest、Adi Shamir 和 Leonard Adleman 提出的一种非对称加密算法。
❷ 由 Taher ElGamal 提出。

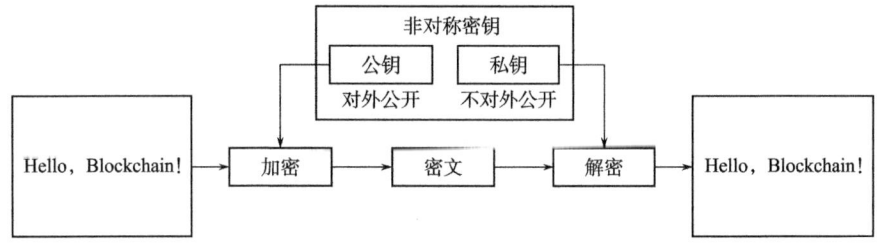

图 1-5 非对称密钥加密解密过程

③ 解密方使用加密公钥对应的私钥对密文进行解密。

与对称密钥算法的优缺点相反,非对称密钥技术的优点是密钥无须共享,缺点是加密解密效率低。使用非对称密钥时,公钥通常用于加密源数据、验证数字签名,私钥常用于解密对应公钥加密的密文、对源数据进行签名。

4. 数字签名

数字签名是基于非对称密钥实现对数据的签名和验证签名。一般采用哈希算法计算出源数据的哈希值,并使用非对称密钥中的私钥对哈希值进行签名,验证签名时,使用签名时的私钥对应的公钥验证签名。数字签名常见算法有 RSA、DSA(Digital Signature Algorithm,数字签名算法)、ECDSA(Elliptic Curve Digital Signature Algorithm,椭圆曲线数字签名算法)等。针对特殊需求的应用场景,还存在一些其他数字签名技术,包括盲签名、多重签名、群签名、环签名等。

数字签名过程包括签名阶段和验签阶段,具体过程如图 1-6 所示。

① 签名阶段。

签名方首先对源数据进行哈希计算,得到一个固定长度的哈希值;其次使用签名方的私钥对哈希值进行签名,生成源数据的数字签名;最后将生成之后的数字签名、源数据、公钥(有些签名算法能够从数字签名中解析出公钥)一起发送给验签方。

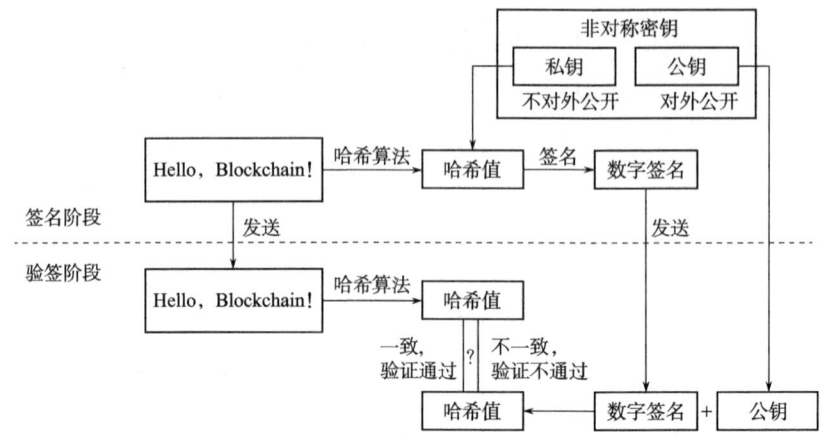

图 1-6 数字签名实现签名和验签过程

② 验签阶段。

验签方使用签名方的公钥对接收到的数字签名进行解析，得到签名方的哈希值；同时使用相同的哈希算法对源数据进行哈希计算，得到一个新的哈希值；将计算出的两个哈希值进行比较，若两者一致，则数字签名验证通过，若不一致，则数字签名验证不通过。

数字签名技术具有以下特性。

① 保障数据的完整性。数据在传输过程中或被接收之后，能够验证源数据、签名数据是否有丢失或被篡改。

② 能够确认源数据发送方。由于源数据是采用发送方的私钥进行签名的，源数据的发送方是数字签名的签名方，也是公私钥的拥有者，且数字签名是可验证的。

③ 数据发送的不可抵赖性，即能够确认消息发送方发布过该消息。因接收到的消息中包含了发送方的签名，而没有对应私钥的用户是不能进行签名的，因此，一旦接收到已签名的消息，则表明签名方发送过该消息，发送方便不可抵赖。

5. 其他

在区块链系统中，除以上一些最常用的密码学相关技术，有时还会使用到隐私计算、零知识证明、同态加密等技术。另外，由于公钥是完全对外公开的，无法对公钥拥有者的身份进行验证，这就需要证书颁发机构（Certificate Authority，CA）生成包含公钥的数字证书。

在区块链等系统中，使用密码学相关技术时，通常不是使用某种单一的密码学技术，而是多种技术的综合。例如，数字签名时需要使用哈希算法和非对称密钥技术；使用非对称密钥技术加密传输对称密钥技术的密钥，结合了对称密钥算法和非对称密钥算法的优势，可以解决非对称密钥算法效率低、对称密钥算法的密钥安全共享问题。

1.3 区块链的类型

区块链可以按照部署方式、准入机制、链结构等多种不同的维度进行分类。按照部署方式和开放程度可以分为公有链（Public Blockchain）、联盟链（Consortium Blockchain）和私有链（Private Blockchain）；按照节点加入区块链是否需要其他成员的许可，可以分为非许可链（Permissionless Blockchain）和许可链（Permissioned Blockchain）。其中，公有链属于非许可链，联盟链和私有链属于许可链。

1.3.1 公有链

公有链一般是完全开放的，所有节点都可以随时加入或退出，通常没有准入限制；任何人都可以进行链上数据的访问、交易的发送、调用合约等操作，也可以参与区块链共识。

公有链是完全去中心化的，区块链网络中所有节点相互对等，节点可以随时加入或退出；任何用户都可以随时进行链上操作。公有链对安全性要求较高，在数据传输、存储方面要利用密码学加密、签名、验证等，并利用通证从经济学方面激励诚实节点和惩罚作恶节点，以维护区块链网络的健康运行。在共识方面，需要采用严格支持拜占庭容错的共识机制，如 PoW、PoS 等。由于公有链是完全去中心化的，且在安全性方面做了很多优化设计，所以在性能、扩展性方面表现较差，如比特币大约每 10 分钟才产生一个新区块，以太坊的交易吞吐量也仅每秒完成 15～17 笔交易。

公有链的主要特点有以下四点。

① 开放程度高。公有链是完全开放的，任何人不经授权都可以加入区块链网络，并可以随时加入或退出。

② 去中心化程度高。公有链是完全去中心化的，任何节点都可以加入其分布式 P2P 网络，且没有中心化的管理节点或超级节点，所有节点相互对等、权限相同。

③ 安全性高。公有链系统的安全性、稳定性要求都比较高，一般采用严格的共识机制和激励机制维护区块链系统的运行。

④ 性能低。公有链系统的 P2P 网络中节点一般较多，网络传输过程和共识时间一般都比较长，因此交易吞吐量较低，交易延时较高。

典型的公有链系统有比特币区块链和以太坊等。由于公有链上的交易一般都要支付较高的手续费，其主要应用于加密数字货币、数字资产等相关场景；也可以应用于一些点对点直接交互的场景，如资产管理、注册登记、发行等。随着区块链扩容技术的不断发展，除金融相关场景之外，公有链也逐渐应用于存证、溯源、去中心化数字身份、数字版权等场景。

1.3.2 联盟链

联盟链是由特定的联盟成员共同管理和维护的区块链，仅限经过授权的联盟成员加入区块链网络；链上数据的访问、交易的发送、调用合约、共识等操作也仅限联盟成员按照特定的联盟链协议规则进行。

联盟链并非完全去中心化的，而是一种多中心化的区块链系统，其区块链网络也是半开放性的，即仅限经过认证和许可的可信节点才能加入；链上的数据可以不对外开放或选择性地对外开放，链上数据读写、共识等操作，也可以按照不同的可信节点角色进行分配，即不同的角色节点其权限不同。由于联盟链的节点，角色权限是严格控制的，其运行相对更安全、可靠，且不需要通过严格的共识、激励来保障其安全性，因此联盟链一般是没有通证的，在共识方面一般采用实用拜占庭容错机制（Practical Byzantine Fault Tolerance，PBFT）、分布一致性（Raft、Paxos等）等共识算法。联盟链的开放程度、去中心化程度不高，但由于区块链网络中节点数量一般不会特别多，因此，相对于公有链其性能、扩展性一般都比较强。

联盟链的主要特点有以下三点。

① 开放程度不高。仅限经过联盟认证和许可的可信节点才能加入联盟链，链上数据读取权限可以根据实际需求不对外开放或选择性地对外开放，联盟成员的角色权限也可以根据协议分配。

② 去中心化程度不高。联盟链的权限控制一般是由联盟成员以投票的方式决定的，这些联盟成员具有较高的权限。

③ 性能高。联盟链网络中的节点数量一般不会很多，网络传输效率较高；同时，采用的共识算法一般不用考虑作恶节点，共识效率一般比较高，因此，交易吞吐量较高，交易延时较低。

超级账本（Hyperledger Fabric）是一种最常用的联盟链。联盟链一般适用于特定领域、行业、组织等内部的应用，如多所高校组成的教育联盟链，多个银行之间组成的具有清算等功能的联盟链，实现工商登记、税务等数据共享的政务联盟链等。

1.3.3 私有链

私有链一般是由特定企业、组织或个人组建和管理的区块链。与联盟链类似，私有链仅限特定的实体或个人在经过认证和许可之后才能加入区块链网络；链上数据的访问、交易的发送、调用合约、共识等操作也仅限私有链的特定节点。

与联盟链不同，私有链节点一般属于同一企业或组织，节点之间信任程度较高；参与私有链共识的节点较少，甚至仅由单个高性能节点进行出块操作。私有链的中心化程度较高，仅供内部使用，一般不对外开放。私有链网络中的参与节点数量较少、完全可控，一般不需要严格的共识机制和激励机制保障其安全性、稳定性。

私有链的主要特点有以下三点。

① 开放程度较低。私有链基本不对外开放，参与节点数量有限，权限严格控制，仅限特定的已授权节点才能进行链上的相关操作。

② 去中心化程度较低。私有链的节点数量、节点角色等一般是确定的，其权限也是提前规划的；一般由管理员维护和管理私有链的运行，且一般不需要多个节点共识出块。

③ 性能高。私有链网络中的节点数量一般较少，其权限是由同一个组织内部控制的，节点之间很容易形成共识。因此，提升了区块链系统的运行速度、性能等，其交易吞吐量较高，交易延时较低。

私有链一般适用于单个企业、组织内部，主要应用于内部数据管理、数据共享、业务流程溯源等业务场景。

1.3.4 不同类型的区块链比较

公有链、联盟链、私有链的比较见表1-1。

表1-1 不同类型的区块链对比

类型	开放性	去中心化程度	安全性	性能	应用场景
公有链	完全开放	高	面临攻击多	较差	数字货币相关场景
联盟链	授权准入	不高	面临攻击不多	较好	特定领域、行业等内部应用
私有链	不开放	低	面临攻击较少	好	单个企业或组织内部

公有链完全开放，去中心化程度最高，对安全性要求也是最高的，一般性能较差。联盟链需要经过授权才能加入，去中心化程度不高，但性能较好，一般适用于特定领域、行业、组织等内部。私有链不对外开放，去中心化程度最低，性能也是最优的，但其应用场景有限，仅适用于单个企业或组织内部。

第 2 章　区块链技术

2.1　区块链的分层架构

综合分析比特币区块链（首个区块链技术的应用）、以太坊（最早采用智能合约的区块链）、超级账本（使用最广泛的联盟链）及其他区块链项目，尽管在实现方式、协议、算法等方面有诸多不同之处，但在区块链系统架构方面存在很多共同之处。

区块链系统架构一般包括数据层、网络层、共识层、激励层、合约层、应用层，其中，数据层、网络层、共识层是标准区块链项目不可缺少的三层，区块链系统架构如图 2-1 所示。

① 数据层。数据层定义了区块链底层的数据结构，设计了区块数据在节点的存储模式。区块链系统中的区块一般是由区块头和区块体组成的，区块头记录了区块的概要信息，区块体详细记录了每笔交易的信息。存储到区块链上的交易数据一般是不可篡改、不可撤销、永久存在的，每个区块都包含了前一区块的哈希值，各区块首尾相连形成链式结构。

图 2-1 区块链系统架构

现有信息化系统中，业务数据的存储方式一般是采用以组织或实体为中心构建的分布式数据库系统。为了实现系统的高可用、安全、备份等需求，将数据库系统部署在不同的数据中心，这种模式仅实现了数据存储物理上的去中心化，无法实现数据管理上的去中心化，如数据的不可篡改性需求等。在区块链系统中，P2P 网络中的每个全节点一般都存储了区块链的所有区块数据，并通过共识协议、网络通信等保证各节点存储数据的一致性，真正实现了数据管理的去中心化。但这种高冗余的存储模式，也给节点带来了数据存储压力、存储空间浪费等一系列问题，因此需要进一步解决区块链数据存储的扩展性问题。

② 网络层。网络层设计了节点的组网方式、网络传输协议、数据安全传输机制等。现有大多数区块链系统的节点组网方式是采用 P2P 网络结构，P2P 网络具有可扩展性、分布式、负载均衡等特点。采用 P2P

网络通信方式实现区块链系统中交易发送、区块广播、消息传输、节点加入退出等功能，整个过程不需要中心化服务器节点的介入和管理，避免了中心化服务器的网络通信瓶颈及单点故障等问题。通过任一节点发送交易时，节点验证交易数据，并将其广播到区块链 P2P 网络中，任何接收到交易数据的节点验证交易数据后都会将交易广播给其他节点。

区块链网络中的各节点可能分布在全球任意不同的物理位置，各节点间的网络带宽、网络安全等环境参差不齐，区块链网络要将消息快速传输给 P2P 网络中的各节点，以确保节点间尽可能达到消息同步。因此，网络传输效率是网络传输扩展的重点研究方向之一。另外，网络传输的安全性、可靠性等也是网络层重要的研究方向。

③ 共识层。区块链网络中的各节点是通过共识协议达到节点间消息、数据等的一致性，目前比较常见的主流共识协议有 PoW（Proof of Work，工作量证明）、PoS（Proof of Stake，权益证明）、DPoS（Delegate Proof of Stake，委托权益证明）、PBFT（Practical Byzantine Fault Tolerance，实用拜占庭容错算法）等。随着区块链项目的不断增多，出现了一些在主流共识协议基础上的改进共识协议，如 PoA（Proof of Activity，活动证明）、PoSV（Proof of Stake Velocity，权益流通证明）、FBA（Federated Byzantine Agreement，联邦拜占庭共识）、PoB（Proof of Burn，燃烧证明）等。在有些区块链项目中，为了区块链系统的安全性、可靠性，区块链运行初期与区块链运行一段时间后采用不同的共识协议。

不同的共识协议具有不同的特点。PoW 共识过程能耗大、成本高；PoS 和 DPoS 共识去中心化程度较低，更容易出现分叉；PBFT 共识节点通信复杂度高，节点增多时性能下降很快，网络不稳定时有较大延时。不同的区块链系统对共识协议的去中心化程度、安全性、效率等要求各不相同，共识协议的改进主要是对性能效率、能耗、扩展性、安全性等方面进行研究。

④ 激励层。激励层是在区块链系统中引入经济激励措施，设计合理的激励和惩罚机制，以促进各节点主动维护区块链系统的稳定运行。一般是与共识协议相结合，以促进各节点参与交易数据验证、区块数据存储及构建新区块等工作，从而在区块链 P2P 网络中达成稳定可靠的共识。在区块链系统中，大部分节点都会追求自身收益的最大化，少量恶意节点会不考虑自身利益而发起攻击。激励层通过一定的激励和惩罚机制保证区块链的稳定运行和网络安全。例如，在比特币区块链中，采用 coinbase 交易（每个区块中第一笔交易，是对产生区块的挖矿奖励交易，也称为"创币交易"）及交易费奖励挖矿节点；IPFS 采用 FileCoin 激励机制，网络中的存储节点提供磁盘存储空间能够获得一定的奖励，从而保证 IPFS 的稳定运行。

⑤ 合约层。合约层包括合约代码的管理、执行环境及执行机制等。智能合约是指采用代码编程实现，并记录在区块链上的合约，当条件满足时合约代码将自动执行。智能合约避免了传统合约中信用、环境变化等因素而导致的违约现象。智能合约的出现加快了区块链技术在各行业、领域的应用，当前区块链技术应用大部分都是基于智能合约的 DApp。

由于智能合约部署在区块链上，其代码是不可篡改的。当智能合约遭受攻击或其代码出现漏洞时，将很难修复，甚至无法修复。

⑥ 应用层。区块链技术最早应用在金融领域。近年来，政务、供应链、交通、医疗、保险等领域都在引入并使用区块链技术，通过区块链技术能够解决现有信息化技术解决不了的一些痛点问题，同时能对传统行业进行赋能，从而进一步提升其竞争力。

2.1.1 数据层

区块链的数据层主要是定义区块链的数据结构以及数据的存储方式。

不同的区块链系统，其数据结构、数据存储方式也不尽相同。

区块链的数据结构包括区块链结构、区块数据结构、交易数据结构、记账模型、交易执行回执、状态数据等内容。

区块链结构一般包括链式结构、DAG（Directed Acyclic Graph，有向无环图）结构等，其中链式结构又包括单链结构、多链结构等。

区块数据结构主要定义了区块的构建协议规则，包括区块的内部详细数据结构，各个数据项的组织规则，交易的组织方式等。区块生产者按照协议规则构建区块，区块验证者按照协议规则验证区块。

交易数据结构主要定义了交易的构建协议规则，包括交易的内部详细数据结构，各个数据项的组织规则等。交易发送者按照协议规则构建交易并发送到区块链网络中，接收到交易的任意节点都可以按照协议规则验证交易。

不同的区块链系统采用不同的记账模型，当前最主流的记账模型是账户/余额模型和 UTXO 模型。

区块链系统的数据存储方式主要通过 Key-Value 键值数据库、文件数据库等方式存储。键值数据库是一种非关系型数据库，比较适用于对数据写入效率要求较高并通过主键进行查询的场景。例如，以太坊采用了 LevelDB 数据库，其中 Key 一般为 Value 的哈希值，Value 一般为结构化对象的序列化值。

为了进一步降低对节点本地磁盘空间的占用，有些区块链系统对于早期的历史区块数据采用文件数据库的形式进行存储，并建立区块、交易数据与物理存储文件对应关系的索引，进而通过索引数据提升查询效率。

为了满足不同查询的需求，进一步提升查询效率，内存数据库被很多区块链系统引入，实现对区块头、交易、回执、合约等区块链数据键值对的临时存储和高效查询。

数据层的可扩展性设计主要体现在两方面：一是定义一种新的区块链结构，以提升区块链的性能，如 DAG 结构，消除了区块的概念，所有交易并发处理，提升了交易吞吐量；二是存储的扩展性，由于区块链网络中的全节点一般存储了所有账本数据，在不降低区块链安全性的前提下，如何降低对节点磁盘空间占用，是存储扩展性首要解决的问题。

2.1.2 网络层

网络层主要包括区块链网络的组网方式和数据传输方式等，核心任务是负责区块链网络中各节点之间的数据传输。

区块链网络的组网方式包括网络结构的定义以及节点加入区块链网络方式等。区块链一般采用 P2P 网络，P2P 网络是一种分布式网络结构，节点之间相互对等，每个节点既是提供服务和资源的服务端，又是连接到其他节点的客户端。P2P 网络中不存在任何中心化的特殊节点或层级结构。P2P 网络结构包括集中式、纯分布式、混合式和结构化网络四种不同类型的网络拓扑形式，不同的区块链系统可以使用不同的网络拓扑形式实现网络层。节点初次加入区块链网络时，一般都会连接初始启动节点（Bootstrap Nodes），它是区块链节点发现协议中的一种特殊节点。初始启动节点保存了最近一段时间内与它们连接的所有节点的列表，当一个新节点连接到初始启动节点时，初始启动节点将选择一部分与其连接的节点返回给新节点，以让新节点加入区块链网络。

区块链数据传输包括加密传输、数据验证和传输机制等。一个节点发送区块、交易数据后，任一接收到数据的节点都会对数据进行验证，若数据验证不通过则节点丢弃该数据不再广播；若数据验证通过则继续广播该数据。在比特币区块链网络中使用 Gossip 协议，数据发送节点随机选择一部分邻节点，将数据广播给这些节点，接收到数据的邻节点继续将数据随机广播给自己的邻节点，直到数据被广播到整个网络中的所有节点。在一定的时间内，网络的所有节点最终状态是保持一致的。Kademlia 协议被用于以太坊等区块链网络中，它是一种通过 DHT（Distributed Hash Table，分布式哈希表）实现的结构化 P2P 网络协议，按照两个节点 ID 异或算法（XOR）计算节点之间的逻辑距离，并以逻辑距离较小的一些节点作为本节点的邻节点来组织网络。

在区块链网络层中，网络传输效率是区块链扩展的重点研究方向之一。网络传输效率越高，交易、区块数据广播到区块链网络中所有节点所需时间越短，网络传输延时也就越低，交易吞吐量越高。另外，网络传输时，需考虑数据的安全性和传输的可靠性。

2.1.3 共识层

区块链的共识机制保障了去中心化系统中所有节点能够达成一致。区块链的共识算法是区块链所有节点在一定时间内对区块链的区块、交易等状态按照协议形成一致的一种算法。共识算法直接影响着区块链的可扩展性和安全性。

在公有链中，由于所有节点都可以加入区块链网络，因此，共识算法在安全性方面要考虑恶意节点（Byzantine Node）的一些伪造、攻击等错误行为（Byzantine Fault），这类共识算法称为 BFT（Byzantine Fault Tolerance，拜占庭容错）类算法。BFT 类共识算法一般共识效率低，性能较差，仅能容忍不超过 1/3 的故障或恶意节点，主要包括以 PBFT 和以 PBFT 为基础的变种共识算法等。

而在联盟链、私有链中，所有加入区块链网络中的节点都是需要授权且可控的,因此,只需要考虑出现故障错误(Non-Byzantine Fault 或 Crash Fault)的节点(Crash-Only Node),这类共识算法称为 CFT(Crash Fault Tolerance,故障容错)类算法。CFT 类共识算法一般共识效率高,性能较好,可以容忍不超过一半的故障节点,主要包括 Paxos、Raft 及其变种等。

在区块链中,共识算法的选择主要考虑共识效率、安全性、可扩展性等。

2.1.4 激励层

区块链的激励机制是区块链系统安全运行的核心基础之一,通过经济激励可以鼓励参与者为区块链网络作出贡献。激励层主要作用包括以下四点。

① 奖励诚实节点。一方面,通过奖励机制可以吸引更多的参与者加入区块链网络;另一方面,公有链系统一般会给产生区块的节点分配一定数量的通证,作为产生新区块奖励,且得到一些交易手续费。

② 惩罚恶意节点。在有些区块链系统中,需要质押一定数量的通证成为具有特殊权限的节点,如共识节点或验证节点等。如果这些节点出现恶意行为时,质押的通证会被没收,以此确保了区块链网络的安全性。

③ 促进通证流通。通过激励机制,将区块链系统的通证分散给不同的用户,有助于促进区块链网络的去中心化;另外,当用户发送一笔交易、需要支付一定的交易手续费时,这些费用会作为奖励分配给出块者或验证者。

④ 防止攻击。激励层有助于防止部分需要重新构建交易类的网络攻击,发起此类攻击时,攻击者需要花费大量的通证,提升了攻击成本,从

而有助于维护区块链网络安全。

另外，激励层也有利于跨链的互操作、参与区块链治理、促进区块链系统的去中心化等。

在公有链系统中，一般都是需要激励机制的，但对于联盟链和私有链则不需要激励层。

2.1.5 合约层

合约层为区块链技术的应用扩展了更广阔的场景，主要包括合约脚本代码、合约执行环境等。通过合约层，用户可以自定义编写智能合约，智能合约部署之后，其代码存储在区块链系统中；其他用户可以通过发起一笔交易的方式调用智能合约中的方法。

智能合约是运行在区块链上的计算机程序，包含了按照实际需求设计的业务逻辑，常见的智能合约开发语言包括 Solidity、Move、Go、JavaScript 等。

当用户发起一笔交易调用智能合约方法时，区块链网络中的节点在各自虚拟机中执行该智能合约方法对应的代码，并通过状态数据保存了智能合约运行的最终结果。

虚拟机（Virtual Machine，VM）是一种软件仿真的计算机系统，拥有一个完全隔离的环境，可以作为一个完整的、独立的计算机系统运行。在区块链系统中，虚拟机可以运行智能合约代码，常见的虚拟机有以太坊虚拟机 EVM、WASM-VM、MoveVM、R3 Corda 的 Java 虚拟机等。

2.1.6 应用层

应用层在区块链系统的基础上实现不同的应用场景，为中心化的业务应用系统提供了去中心化应用服务。

目前，应用层主要包括三大类：区块链工具类应用、区块链通用服务应用、区块链行业应用。区块链工具类应用即提供区块链数据、接口等服务的应用，主要包括 BaaS（Blockchain as a Service，区块链即服务平台）、区块链浏览器、区块链钱包等。区块链通用服务应用与具体行业的业务逻辑无关，提供通用化、基础性的服务应用，主要包括 DID（Decentralized Identity，去中心化数字身份）、DAO（Decentralized Autonomous Organization，去中心化自治组织）、DeFi（Decentralized Finance，去中心化金融）、NFT（Non-Fungible Token，非同质化通证）等。区块链行业应用是根据具体的行业应用业务需求独立开发的去中心化应用，如实现不同功能的 DApp 等。

2.2 区块链的内部结构

2.2.1 链结构

常见的区块链结构主要有链式结构和 DAG 结构，大部分区块链系统都是采用链式结构。

1. 链式结构

链式结构即按照每个区块包含前一个区块的哈希值的方式形成一条链，一个区块链系统的第一个区块为创世区块，链式结构的区块链如图 2-2 所示。

链式结构的区块链系统中，每个区块的数据结构是相同的。一般的区块链系统有且仅有一条链，即为单链结构。为了提升区块链的性能，有些区块链系统提出采用多链结构提升区块链的扩展性。

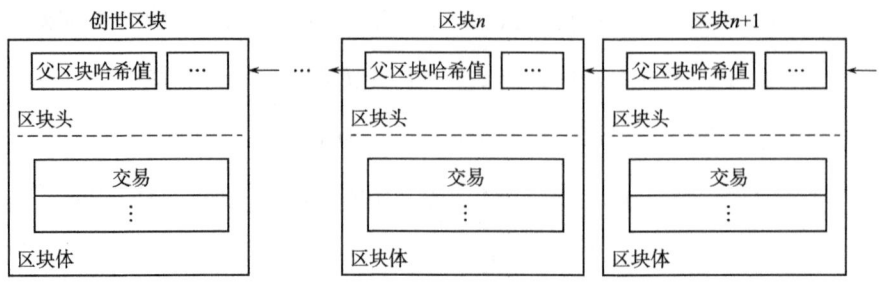

图 2-2　链式结构的区块链

2. DAG 结构

DAG 结构是任意一条边都有方向且不存在环路的结构。在区块链系统中，每个区块都指向一个或多个之前的区块，并且每个区块可以被一个或多个新区块所指向，这种区块之间相互指向形成的结构即为 DAG 结构的区块链。新的区块通过协议验证之前的区块，并指向该区块，确认区块排序。DAG 允许网络中的节点在同一时间记录不同的区块，呈现高并发、弱同步的特点，能够极大地提高区块链处理交易的速度，能够更好地支持有高并发需求的各种实际应用场景，具有较好的可扩展性。DAG 结构的区块链如图 2-3 所示。

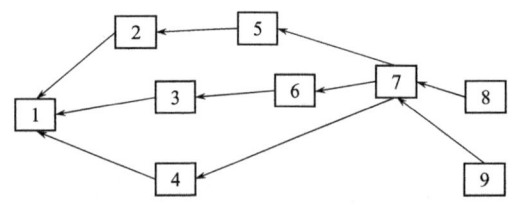

图 2-3　DAG 结构的区块链

在图 2-3 中，创世区块 1 被三个区块 2、3 和 4 确认和指向；区块 7 同时确认和指向了三个区块 5、6 和 4；区块 8 和 9 可以并行提交，提升了区块链的性能。

2.2.2 区块结构

区块结构在不同的区块链系统中存在一定的差异,此处以比特币区块链为例介绍区块结构。

区块链中每个区块都包含了区块头和区块体,区块头包括版本号、前一区块哈希值、默克尔树根哈希值、时间戳、难度目标值、nonce 等数据。区块体包含交易计数器(区块包含的交易数量)和交易列表(区块所包含的所有交易信息),一般包括多笔普通交易信息和一笔 coinbase 交易信息,区块结构如图 2-4 所示。

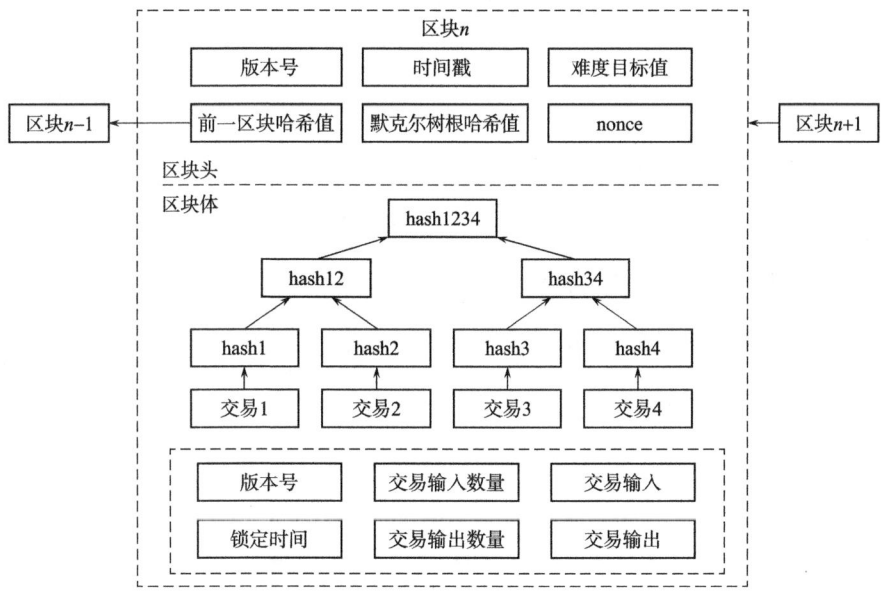

图 2-4 区块结构

区块链中的区块以链式结构首尾链接,当一个新区块被构建时,需要将前一个区块的哈希值纳入本区块的区块头中,这样构建的新区块包含了前一个区块的信息，区块被依次链接在一起，从而形成了完整的区块链数据。

区块链网络中各全节点一般都存储了所有区块数据，当验证新区块时，需要查询本地存储的区块数据。数据存储主要完成区块数据的持久化本地保存、区块数据的编解码、区块数据的查询检索等，区块链项目所采用的数据存储系统直接决定着区块链的数据读写性能、数据操作功能的完善性、对本地磁盘存储空间的需求等。

比特币区块链、以太坊、超级账本、Storj、Filecoin 等大多数区块链系统，其底层的数据存储都采用了 LevelDB 数据库。LevelDB 是一种非关系型的本地数据存储系统，其以〈Key, Value〉键值对的形式保存数据，具有较高的写数据性能。写入数据时，首先在内存中完成固定大小的分片数据排序，并将已排序的分片数据作为一个整体一并写入磁盘，再将较小的排序文件逐步合并到磁盘中已有的较大排序文件中，降低了由于频繁写入时更新索引带来的大量写入开销，提高了数据写入效率。

以太坊在进行数据存储之前，将区块数据进行 RLP（Recursive Length Prefix，递归长度前缀）编码，进一步减小了区块数据的大小，从而降低了对节点磁盘存储空间的需求。数据读写效率、查询功能的扩展性、数据压缩存储等是区块链数据存储系统的主要研究方向。

1. 区块头

区块头包含了整个区块的核心信息。由于区块头唯一标识了一个区块，因此根据区块头信息可以唯一确定区块在区块链中的位置，也可以验证该区块。轻节点（Light Node）一般只需要存储区块头，降低了对节点存储空间的要求，同时又能保证节点验证交易、区块等信息。区块头一般包括以下内容：版本号，说明该区块遵循的协议版本号；父区块哈希值，记录了前一区块的哈希值,通过父区块哈希值可以让该区块链接到区块链中;区块哈希值,即区块头数据的哈希值;区块高度,区块链中的区块从 0 开始按顺序进行编号,区块的编号即为区块高度;时间戳,记录区块生成时间;目标难度值和 nonce 记录了区块共识相关信息;默克尔树根哈希值是根据区块内所有交易按照默克尔树规则计算出的哈希值,可以用来验证交易列表数据。

比特币区块链的区块头数据结构见表 2-1。

表 2-1 比特币区块链的区块头数据结构

字段名	字节数/B	描述
Version	4	区块遵循的协议版本号
Previous Hash	32	父区块哈希值
Merkel Root	32	区块内所有交易的默克尔树根的哈希值
Timestamp	4	区块生成的时间戳
Difficult	4	区块的挖矿目标难度值
Nonce	4	挖矿过程中使用的随机值

以太坊的区块头数据结构见表 2-2。

表 2-2 以太坊的区块头数据结构

字段名	数据类型	描述
ParentHash	[32] byte	父区块的哈希值
UncleHash	[32] byte	叔区块列表的哈希值
Coinbase	[20] byte	打包区块的矿工地址
Root	[32] byte	状态树根的哈希值
TxHash	[32] byte	交易树根的哈希值
ReceiptHash	[32] byte	交易回执树根的哈希值
Bloom	[256] byte	交易回执日志组成的 Bloom 过滤器
Difficulty	Big. Int	区块难度
Number	Big. Int	区块高度
GasLimit	uint64	区块中所有交易消耗的 Gas 上限

续表

字段名	数据类型	描述
GasUsed	uint64	区块中所有交易使用的 Gas 之和
Time	uint64	区块生成的时间戳
Extra	[ ] byte	区块的附加数据
MixDigest	[32] byte	与 Nonce 组合，用于工作量计算
Nonce	[8] byte	区块生成时的随机值

注：[ ] 表示不确定大小。

2. 区块体

区块体主要存储该区块所包含的所有交易数据。交易分转账交易和合约交易两类，转账交易是指在区块链网络上数字资产从一个账户地址转移到另一个账户地址的过程；合约交易包含部署合约和调用合约的交易。

比特币区块链的区块体数据结构见表 2-3。

表 2-3 比特币区块链的区块体数据结构

字段名		字节数/B	描述
Version		4	区块遵循的协议版本号
SegWit		2	隔离见证标识等信息
Number of inputs		CompactSize	交易输入的数量
多个	Previous output hash	32	上一个输出的哈希值
	Previous output index	4	上一个输出的索引
	Script length	CompactSize	脚本长度
	Script	不定长	使用输出的程序脚本
	Sequence	4	顺序号
Number of inputs		CompactSize	交易输出的数量
多个	Output value	8	输出数量，即转账金额
	Output script size	CompactSize	输出脚本长度
	Script	不定长	程序脚本
Locktime		4	交易可以被添加到区块链的最早时间

以太坊中交易的数据结构见表 2-4。

表 2-4　以太坊中交易的数据结构

字段名	数据类型	描述
AccountNonce	uint64	交易发送方的交易序列号
GasPrice	Big. Int	交易消耗 Gas 的单位价格
GasLimit	uint64	交易允许消耗 Gas 的最大数量
Recipient	[20] byte	交易接收方地址或智能合约地址
Amount	Big. Int	交易的转账数量
Payload	[ ] byte	交易附加数据或合约相关数据
V/R/S	Big. Int	交易的数字签名信息

注：[ ] 表示不确定大小。

以上比特币区块链和以太坊对应不同版本的协议，其区块头、区块体数据结构略有差异。

2.2.3　状态结构

状态数据记录了最新区块中的所有交易执行完成之后的最终状态，历史状态数据记录了每个区块中的所有交易执行完成之后的状态信息。

在以太坊中，在每个区块的区块头中，记录了该区块中所有交易执行完成之后状态数据的默克尔树根的哈希值，同时每个账户的状态数据都是以键值对的形式存储和管理的。其中，键为账户地址，值为状态数据的 RLP 编码格式。状态数据包括余额（Balance）、交易序列号（Nonce）、合约账户的合约哈希值（Codehash）、合约状态存储根（Storage Root）。为了方便管理账户的状态数据，以太坊采用了默克尔前缀树（Merkle Patricia Trie，MPT）的形式管理。

2.3 区块链的运行流程

2.3.1 节点角色

区块链网络中的参与者被称为节点,包括所有运行区块链节点软件的计算机。节点按照不同的分类标准具有不同的类型,按照存储区块链数据的完整度可以分为轻节点、全节点和归档节点;按照节点职责的不同可以分为出块节点、验证节点等;按照在区块链网络中的作用有初始启动节点。

① 轻节点(Light Node)。轻节点一般仅存储区块头数据,不存储交易等区块链数据。当需要这些本地未存储的区块链数据时,可以向其他全节点请求以获取这些数据。轻节点适用于运行在物联网设备、手机端等移动设备上。

② 全节点(Full Node)。全节点存储了完整的区块链数据,能够独立验证区块、交易的有效性。区块链网络中应存在一定数量的全节点。

③ 归档节点(Archive Node)。归档节点除了存储完整的区块链数据,还存储了每个区块的状态快照数据。归档节点对磁盘存储空间大小要求非常高,有利于快速检索历史状态数据。

④ 出块节点(Producer Node)。出块节点是区块链网络中负责生成新区块的节点,也被称为"矿工节点"(Miner Node)。

⑤ 验证节点(Validator Node)。验证节点负责验证区块、交易等区块链数据的有效性。

⑥ 初始启动节点(Bootstrap Node)。初始启动节点保存了最近一段时间内与它们连接的其他节点,这类节点一般对在线率要求较高,以便其他新节点能够随时加入区块链网络。

2.3.2 总体流程

在区块链系统中，从交易到区块的总体流程包括：交易发送、交易验证和收集、区块构建和广播、区块接收和验证等，总体流程如图 2-5 所示。

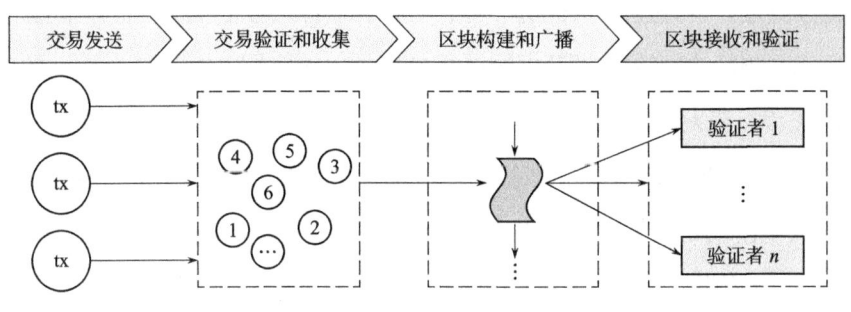

图 2-5 总体流程

1. 交易发送

用户一般使用区块链系统的客户端，构建一笔交易后发送，该交易被广播到整个区块链 P2P 网络。

构建一笔交易时，主要是确定发送方地址、接收方地址、转账金额、交易附加信息、交易签名等内容。发送方地址是指当前发送交易的用户在区块链系统中的账户地址。当该笔交易为转账交易时，接收方地址即转账给对方的地址，转账金额为转账给接收方的通证数量；当该笔交易为调用合约交易时，接收方地址即被调用合约的地址，交易附加信息为调用合约方法需要传入的相关参数值；当该笔交易为部署合约交易时，接收方地址为空，交易附加信息为部署合约的字节码（Byte Code）。最终，无论是哪种类型的交易，交易发送方都需要使用个人私钥对交易数据进行签名，以确认此交易为发送方本人发送的。

一般来说，区块链钱包提供了交易发送的功能；区块链系统通常提供相关接口，用户可以通过调用这些接口实现交易发送。

2. 交易验证和收集

用户发送一笔交易之后，区块链网络中的一个节点接收到交易时，首先会验证交易，若交易验证不通过，则该笔交易被丢弃；若交易验证通过，则将交易进一步发送给其他邻节点，这些邻节点接收到交易之后，同样会验证交易和广播数据；若节点已经接收过同一笔交易，则无须再验证和广播。最终，交易被广播到区块链网络中的所有节点。对于出块节点，交易会缓存在交易内存池，等到收集到足够多的交易时一起打包为一个区块。

交易的验证主要包括：转账金额是否大于发送方的余额；是否存在"双花"的情况，以太坊通过发送者交易 nonce 唯一标识每笔交易；发送方数字签名等。

3. 区块构建和广播

对于出块节点，收集到一定数量的交易之后（或达到一定的间隔时间等不同规则），将按照区块结构和区块链相关协议构建新区块，并将构建完成的新区块广播给本节点的邻节点。

有些区块链系统，区块构建的过程也包含了共识的过程。如在比特币区块链中，出块节点必须按照 PoW 共识规则计算出区块中的 nonce 值。

4. 区块接收和验证

区块的广播过程与交易的广播过程类似，接收到新区块的节点，首先要验证区块的合法性，再广播给其他邻节点；同时，节点将接收到新区块存储到本地。

第3章 区块链应用

3.1 区块链的发展

3.1.1 发展过程

区块链的发展一般来说经历了以下三个阶段。

1. 区块链 1.0

区块链 1.0 阶段诞生了第一代区块链技术,主要应用是去中心化技术和加密货币,最早和最典型的区块链是比特币区块链。

区块链 1.0 阶段,一般将区块链系统与区块链应用集成在一起。区块链应用主要以通证为中心,包括钱包软件、区块链挖矿软件、交易所,以及提供区块链数据查看的区块链浏览器等工具类应用。

2. 区块链 2.0

以太坊引入的智能合约技术将区块链的发展推进到了区块链 2.0 阶

段。在区块链 2.0 阶段，通证与智能合约技术相结合，扩大了区块链的应用场景，特别是在金融领域。

区块链 2.0 阶段主要是融入了区块链的一项核心技术——智能合约技术，主要应用是区块链相关的通用服务。区块链通用服务应用提供通用化、基础性的服务应用，主要包括 DID、DAO、DeFi、NFT、代币发行等。

3. 区块链 3.0

区块链 3.0 阶段主要是将区块链技术应用于各行各业，如政务、农业、教育、医疗、供应链等。

区块链技术在行业中的应用也反向推动了区块链的发展，行业应用对区块链的性能、扩展性、安全性等提出了更高的要求。

3.1.2 区块链在国外的发展

1. 区块链发展战略

近年来，随着区块链技术的快速发展，全球多个国家制定了区块链产业的发展战略。

美国一直是区块链产业的引领者，比特币、以太坊等主流区块链多数产生于美国。在区块链发展战略方面，美国政府积极支持，同时加强对虚拟货币等金融相关应用的监管。另外，美国多所高校开设区块链相关课程，推动区块链知识的普及；甚至出现了众多企业和产业联盟推动区块链产业发展，如 Facebook（2021 年更名为 Meta）、摩根大通等一些知名企业。正因为如此，区块链产业在美国得以高速发展。

英国同样积极布局区块链战略，在不断加强监管框架的前提下，不断加大区块链的资金投入，开展区块链项目试点。在英国，区块链技术应用于各个行业领域，包括银行、娱乐、教育、体育、健康等。

德国是欧洲区块链产业的先行者，一直对区块链技术及其应用持较为开放的态度，是第一个承认比特币为合法货币的国家。德国制定了全面的区块链发展战略，提出了区块链的发展目标、遵循原则和相关行动计划等。

2. 相关政策

区块链技术在国外很多国家受到了高度关注，特别是近几年，各国都已加快区块链在技术应用、国家战略、产业发展、金融监管等方面的布局。

① 2015 年 10 月，美国总统科技顾问委员会专门与区块链银行联盟 R3 沟通，特别关注区块链技术对经济发展方面的影响；美国根据各州的数字经济发展状况制定相应政策，主要是加强应用监管，并与企业合作研究区块链技术；美国国防部积极推动区块链成为国防部 IT 系统的基础设施。

② 2016 年 1 月，英国发布了《分布式账本技术：超越区块链》，制定了详细的区块链技术战略实施规划。

③ 2016 年 4 月，日本成立区块链联盟，其目标为解决区块链技术的应用问题，验证应用的可行性，规划未来创新的分布式技术等。

④ 2016 年 4 月，澳大利亚标准局呼吁国际标准化组织（ISO）为区块链技术制定全球标准，并于 2020 年 2 月发布了《国家区块链发展路线图》。

⑤ 2016 年 10 月，俄罗斯银行推出了区块链原型系统 Masterchain。

⑥ 2018 年 7 月，联合国成立数字合作高级别小组，将区块链技术列入议程，并于 2019 年提出"联合国必须拥抱区块链技术，加速实现可持

续发展目标"。

⑦ 2019 年 9 月，德国发布了"国家区块链发展战略"。

⑧ 2019 年 11 月，欧盟宣布针对欧洲人工智能和以区块链为重点的初创公司的新投资计划；"地平线 2020"（Horzon 2020）计划启动了多个区块链项目，激励中小企业使用区块链技术。

⑨ 2020 年 3 月，韩国发起了"区块链验证支撑计划 2020"，主要负责区块链产业的推进。

3.1.3 区块链在国内的发展

我国区块链政策环境积极向好，中央及各地政府都很重视区块链技术，加速区块链产业部署。

2016 年 10 月，工业和信息化部在《中国区块链技术和应用发展白皮书》中分析了国内外区块链技术的现状和发展趋势，制定了区块链的核心技术路线，明确了标准化方向与进程。

2019 年 10 月 24 日，中共中央政治局就区块链技术发展现状和趋势进行第十八次集体学习。中共中央总书记习近平在主持学习时强调，"区块链技术的集成应用在新的技术革新和产业变革中起着重要作用。我们要把区块链作为核心技术自主创新的重要突破口，明确主攻方向，加大投入力度，着力攻克一批关键核心技术，加快推动区块链技术和产业创新发展"。"区块链技术应用已延伸到数字金融、物联网、智能制造、供应链管理、数字资产交易等多个领域。目前，全球主要国家都在加快布局区块链技术发展。我国在区块链领域拥有良好基础，要加快推动区块链技术和

产业创新发展，积极推进区块链和经济社会融合发展。"❶

2020年4月，国家发展和改革委员会首次明确"新基建"范围，其中信息基础设施包括以人工智能、云计算、区块链等为代表的新技术基础设施。

2020年4月，教育部发布《高等学校区块链技术创新行动计划》，确立了高校区块链技术创新总体目标与重点任务。

2020年6月，人力资源社会保障部办公厅、市场监管总局办公厅、统计局办公室联合发布《关于发布区块链工程技术人员等职业信息的通知》。

2021年3月，第十三届全国人大四次会议表决通过《中华人民共和国国民经济和社会发展第十四个五年规划和2035年远景目标纲要》，提出"十四五"期间要打造数字经济新优势，加快推动数字产业化、产业数字化转型，"培育壮大人工智能、大数据、区块链、云计算、网络安全等新兴数字产业"，"推动智能合约、共识算法、加密算法、分布式系统等区块链技术创新，以联盟链为重点发展区块链服务平台和金融科技、供应链管理、政务服务等领域应用方案，完善监管机制"。该纲要明确了区块链是"十四五"数字经济重点产业之一，表明了产业区块链是国家发展战略。

2022年5月，中共中央办公厅、国务院办公厅印发了《关于推进实施国家文化数字化战略的意见》，提出搭建文化数据服务平台，文化产权交易机构要充分发挥在场、在线交易平台优势，推动标识解析与区块链、大数据等技术融合创新。

2023年1月，工业和信息化部等十六部门印发《关于促进数据安全

---

❶ 习近平主持中央政治局第十八次集体学习并讲话[EB/OL].（2019-10-25）[2024-12-31]. https://www.gov.cn/xinwen/2019-10/25/content_5444957.htm.

产业发展的指导意见》，指出要布局新兴领域融合创新；加快数据安全技术与人工智能、大数据、区块链等新兴技术的交叉融合创新，赋能提升数据安全态势感知、风险研判等能力水平。

2024年1月，国务院下发《关于进一步优化政务服务提升行政效能推动"高效办成一件事"的指导意见》，提出持续加强新技术全流程应用；按照成熟稳定、适度超前的原则，创新开展大数据、区块链、人工智能等新技术应用，推动政务服务由人力服务型向人机交互型转变，由经验判断型向数据分析型转变。

在中央及各级政府的大力推动下，区块链技术在不同领域、不同行业的落地应用项目不断涌现，区块链产业得以蓬勃发展，但区块链技术在应用项目中的最大化价值体现仍需进一步探索。

3.2 区块链系统

3.2.1 比特币区块链

比特币区块链是第一个区块链项目，也是目前影响最广、规模最大的非许可链开源项目。比特币区块链采用 UTXO 记账模型，在 P2P 网络层使用 Gossip 协议，在共识层使用 PoW 共识机制。

比特币区块链具有安全性较高、隐私性好、去中心化程度高等优点，但其共识效率低、能耗大；因其脚本语言不是图灵完备的，无法适用于复杂的应用场景；交易吞吐量小、延时大，其性能、扩展性较差。

3.2.2 以太坊

以太坊的发布标志着区块链进入 2.0 阶段。以太坊提供图灵完备的智能合约系统，开发者通过编写智能合约代码可以创建和使用运行在区块链上的去中心化应用，从而将区块链技术应用于更为复杂和灵活的行业场景中，为区块链技术的推广铺平了道路。以太坊概念是在 2013 年年底，由维塔利克·布特林（Vitalik Buterin，也被称为"V"神）受比特币启发首次提出，并在 2014 年首次通过代币众筹的方式募集开发资金。

以太坊的最大优点是支持智能合约，扩展了区块链的去中心化应用，具有强大的生态系统，但也存在着交易吞吐量低与交易延时高等性能问题，应用不断增多导致的扩展性问题，去中心程度相对降低、智能合约的安全性等问题。

3.2.3 超级账本

超级账本可以让用户方便、快捷地创建和管理一个组织级的区块链网络，并提供个性化服务，满足不同行业领域的需求，是目前使用最广泛的联盟链。超级账本采用可插拔式、松耦合设计，将共识协议、身份认证等模块化，可根据具体的应用场景选择合适的模块。

超级账本是由 IBM 公司主导开发的一个面向企业级客户的开源项目，是一个提供模块化分布式账本解决方案的框架。与比特币区块链和以太坊等这类公有链不同，超级账本网络中的节点必须经过授权认证后才能加入，避免了 PoW 共识的资源开销大的问题，提高了交易处理效率和交易吞吐量。

超级账本采用通道（Channel）来隔离不同主题的数据，通道中的节点共同维护一个独立账本，一个节点可以加入多个通道，不同通道之间相互隔离，实现数据的隔离和保密；超级账本实现了 Solo、Kafka、Raft 三种共识算法。

3.3 区块链工具类应用

3.3.1 区块链钱包

区块链钱包主要用于存储、管理和转移加密货币，包括硬件钱包和软件钱包。根据是否需要同步区块链数据，钱包可分为全节点钱包和轻节点钱包。全节点钱包需要同步整个区块链的数据，而轻节点钱包仅存储私钥、账户余额等。按照私钥的存储方式，钱包可分为冷钱包和热钱包。冷钱包又称"离线钱包"，是与网络完全隔离的，可以确保私钥的安全，如硬件钱包等。热钱包又称"在线钱包"，使用更方便，但安全性较差。选择区块链钱包时，主要考虑安全性、用户友好性、支持的加密货币种类、钱包的功能和费用等因素。

数字钱包在区块链生态中扮演着重要角色，不仅提供资产管理的基础功能，还可以进行数字资产理财、交易和为公链 DApp 引流等。随着区块链技术的发展，数字钱包的种类和功能也在不断增加和完善。

3.3.2 区块链浏览器

区块链浏览器是一种具有区块链数据查看、搜索等功能的工具。有些区块链浏览器是基于区块链接口提供的功能,这类区块链浏览器需要运行一个区块链的全节点,以实时同步区块链数据;另外一些区块链浏览器是将区块链数据进行序列化、解析等处理之后,存储到关系型数据库中,并提供关联查询等功能,这类区块链浏览器的查询更高效,功能更加丰富。

典型的公有链系统有许多不同的区块链浏览器,最知名的比特币区块链浏览器是 BTC.com;以太坊区块链浏览器有 etherscan.io;综合性的区块链浏览器包括 blockchain.com/explorer、oklink.com、tokenview.io 等。

区块链浏览器一般具有区块链概览、区块查询、交易查询等功能。区块链概览展示区块链总体运行情况,包括当前区块高度、交易数量、最新区块、最新交易等。区块查询可以根据区块高度、区块哈希值等查询区块,展示区块列表,并可查看区块的详细信息。交易查询可以根据发送方地址、交易哈希值等查询交易,展示交易列表,并可查看交易的详细信息。

3.3.3 BaaS

BaaS(Blockchain as a Service,区块链即服务)是一种通过云服务的形式提供区块链能力的服务模式。企业或个人无须自己搭建和维护一套区块链系统,利用 BaaS 就能方便地使用区块链技术来开发和部署区块链应用,其比较适用于需要使用区块链技术但缺乏专业知识或资源构建区块链解决方案的主体。通过 BaaS,企业可以专注于区块链应用的业务逻辑和功能开发,而不必担心底层区块链技术的细节。随着区块链技术的不断发展,BaaS 将继续在供应链管理、金融服务、智能合约、身份验证等领域发挥重要作用。

BaaS 一般是针对联盟链或私有链的，具有链管理、链治理、链开发、链监控、链审计等功能。

1. 链管理

链管理提供便捷的建链、管链功能，以适应不同的应用场景，帮助区块链管理人员便捷地创建或加入区块链网络，实现业务与区块链系统的快速对接，降低区块链技术的使用门槛。

链管理具体包括创建区块链、配置管理、节点管理、账户管理、访问控制管理等。

2. 链治理

区块链的正常运行需要链上所有参与方共同治理维护，链治理是所有参与方行使权利的过程，治理模式涉及决策正确性以及决策合法化。良好的治理模式能够让区块链协议适应不断变化的环境，维护其在生态系统内决策的合法性。

随着区块链节点的增多，构建立体化监管治理体系是避免链分叉与资源分散的关键，也是有效提升对区块链监管治理能力的重要手段。立体化的监管治理体系一方面是对联盟链的治理，如阻止非联盟成员节点的加入。在联盟中节点出现异常的情况下，可以删除作恶节点，并邀请诚实节点加入。另一方面是对上链的数据与业务的治理，如数据不合法、业务不合规时能够及时发现与预警。链治理主要包括治理规则管理、上链数据治理、区块链网络节点治理等功能。

3. 链开发

链开发即通过一定的开发工作，可以使用区块链相关技术实现去中心化应用。BaaS 提供智能化的应用开发功能和便捷的链开发服务，实现业务数据的便捷上链。

链开发主要包括区块链 SDK 和 API 接口开发、智能合约开发、智能合约调用等功能。

4. 链监控

链监控提供了区块链的可视化监控功能，通过链监控可以直观地了解区块链系统的运行状态、总体性能、区块链的使用情况等，当出现异常时，报警提示相关人员。

区块链系统的运行状态监控包括对区块链、节点的监控，如节点运行状态、区块链网络状况、节点主机的内存、磁盘 I/O、CPU 使用情况等监控指标。

区块链数据监控是对区块链的区块、交易等数据的监控，主要查看区块链的区块高度、交易吞吐量、交易延时情况等。

区块链业务数据的监控主要针对业务数据上链服务，可查看业务数据上链的数据量、调用接口等统计数据，实现业务数据上链的可视化展示，便于用户直观查看上链情况。

5. 链审计

链审计提供区块链所有操作的审计功能，包括区块链管理操作、业务上链操作、交易发送操作、节点共识操作等的审计，并按照用户要求提供相关的审计报告。

3.4 区块链通用服务应用

3.4.1 DID

DID 将用户数字身份的管理和控制权从中心化机构归还给用户，改变了以往应用厂商控制数字身份的模式，让用户真正拥有和控制个人身份信息。DID 从根本上解决了个人隐私保护问题。DID 具有唯一性、去中心化、身份自主可控、可验证性、适用于万物等特点。

使用 DID 主要解决了以下问题：用户在不同的应用系统需要重复注册、管理个人信息；重复认证、多地认证，多头建设身份体系；用户的数字身份由服务商控制；权威的 CA 机构是中心化的，维护成本高，性能低。

DID 主流国际组织有去中心化数字身份基金会（Decentralized Identity Foundation, DIF）等，旨在推动基于区块链的去中心化数字身份管理协议的通用化和标准化。万维网联盟（World Wide Web Consortium, W3C）提出的 DID 规范和可验证数字凭证 VeIdentity Credential 规范等，目前认可度最高，是行业采用的主要参考。基于 W3C 的 DID 规范和 VC 规范等，百度发布了一款 DID，微众银行也提供了 WeIdentity。WeIdentity 实现了一套符合 W3C DID 规范的分布式多中心的身份标识协议，并提供了一整套基于 W3C VC 规范的解决方案：可验证数字凭证（WeIdentity Credential）。同时支持对凭证的属性项进行选择性披露，并通过链上授权，合法合规地完成隐私保护前提下的实体间可信数据交换。

DID 的主要应用场景包括：①凭证交换及验证场景。用户可自主选择出示凭证，验证方可以依据数字签名验证凭证的真实性，成本低、安全且高效。②选择性披露场景。用户可以选择披露凭证中的部分数据，无须披露其他数据，有效减少了用户的隐私泄露。③无须密码登录各类业务应用系统。用户无须管理多个系统的账户密码，第三方业务系统无法获取额外的用户信息，保护了用户的隐私。④数据共享场景。不同主体间在无须信任的前提下，实现数据的安全可信共享。⑤用户实名认证场景。权威机构作为身份认证机构，负责核验用户的身份信息，核验通过后颁发可验证数字凭证。

3.4.2 NFT

NFT 是一种基于区块链技术发行的每个都是唯一的且不能相互兑换的通证，是基于区块链的私有财产，可自由转移和交易，能用来明确数字资产的所有权。NFT 结合以太坊等其他公有链，任何人都能发行、拥有和交易它们。用户借助一些 NFT 平台，可以很容易地创作出 NFT 作品，并借助平台进行售卖。和传统的商业化模式相比，可以大幅降低交易门槛，能吸引更多的用户参与其中。此外，NFT 可以把之前不能变现的虚拟物品资产化，带来一个巨大的市场——虚拟物品交易市场。以艺术品为例，一些有名的作家，可以直接借助 NFT 平台将自己的作品进行 NFT 化并公开售卖，甚至可以转让自己的所有权。

ERC721、ERC1155 等是 NFT 的主流协议标准，ERC721 使 NFT 在标准化钱包中可被监测，并且能够在交易所进行交易。其最初由 CryptoKitties 创造，也是代表非同质化数字资产的第一个标准。ERC721 标准不仅适用于虚拟物品，也适用于现实物品的通证化，如房产、独特的艺术品等。

目前，最大的 NFT 交易平台是 OpenSea，它覆盖了数字艺术品、加密收藏品、游戏物品等各个领域。Nifty Gateway 是基于 Gemini 搭建的 NFT 交易平台，支持用户通过信用卡购买 NFT 且出售时直接兑现至银行账户中。Refactorer 通过创新性地使用四板块和两个 Token 实现 DeFi 和 NFT 价值的结合，进而实现 NFT 作为资产价值的核心所在。Rarible 是一个以创作者为中心，集 NFT 发行与交易的平台。相对于其他平台，Rarible 更中心化。SuperRare 被誉为拥有全球 NFT 艺术家的集合地，拥有近千位加密艺术家。Nifty Ink 是一个在线 NFT 创作平台，无须 Gas 费即可创建属于自己的 NFT 画作。

NFT 的核心价值在于使数字内容资产化；另外，依托区块链技术保证资产的唯一性、真实性和永久性，并有效解决确权问题。去中心化的交易模式一定程度上提高了内容创作者的商业地位，减少了中心化平台的抽佣分成。

随着 NFT 的兴起，也暴露了一些问题：现有 NFT 交易平台对 NFT 的真实性、质量、用户身份等审核不严；平台 NFT 定价参差不齐，NFT 交易平台收费标准不统一；随着众多 NFT 制作、铸造、交易平台的大量涌现，用户可能在不同的区块链、交易平台拥有很多的 NFT，但各平台的 NFT 无法实现互通。目前，很多 NFT 交易平台都已实现了实体资产（汽车、房产等）的数字化和交易，但可能存在实体资产在不同平台进行铸币、交易等现象，即实体资产的"双花"问题。

随着 NFT 的铸造、交易等应用，对区块链的交易速度、吞吐量、成本等提出了更高的要求，一批针对 NFT 应用的区块链正在悄然兴起，如 Flow、Solana 等。

3.4.3 DAO

DAO 是一种基于区块链技术，通过智能合约实现自治管理的组织形式。DAO 利用区块链的公开透明、去中心化、无须信任第三方等特性，允许成员在没有中心化权威的情况下共同管理组织资源和作出决策。利用共识机制，组织成员之间可以达成决策的一致；通过激励机制能够让组织成员积极参与自治管理，使得组织运转更加协调、有序；依赖于智能合约，DAO 中的运转规则、参与者的职责权利以及奖惩机制等均公开透明。

DAO 的特点包括以下四个方面。

① 分布式与去中心化。不存在中心节点和层级化管理，通过节点间的交互实现组织目标。

② 自主性与自动化。管理规则代码化、程序化，通过智能合约实现自动化运行。

③ 组织化与有序性。运转规则、成员职责权利公开透明，通过自治原则实现有序协调。

④ 智能化与通证化。技术支撑包括互联网基础协议、区块链等，通证作为激励手段，促进价值流转。

DAO 的运行依赖于三个基本要素：① 共识的组织目标和文化；② 包含创立、治理、激励等内容的规则体系，且规则通过智能合约部署运行在区块链之上；③ 与所有参与者形成利益关联的通证，实现全员激励。

随着 DeFi 和 NFT 市场的火爆，DAO 的类型变得多样化，负责管理着超过百亿美元的资产。DAO 项目的例子包括：ANT（阿拉贡）、BTS（比特股）、NMR（Numeraire）、PNK（Pinakion）、GEN（DAOstack）等，它们利用 DAO 的概念实现不同的目标和功能。

然而，DAO 也存在局限性，如对成员活动的依赖、缺乏法律支持，以及可能因提案和投票过程而影响任务完成的效率。尽管如此，DAO 提供了一种创新的组织治理结构，能够改变传统的组织管理和运营方式。

3.4.4 DeFi

DeFi 是构建在区块链技术基础上的金融应用集合，无须通过银行等中介机构，可以向任何人开放。与传统金融服务相比，DeFi 创建了一个开放、透明、无须许可的金融系统，去掉了银行或其他金融机构等中介。

DeFi 的核心优势在于其去中心化的特性，它允许用户对个人资产拥有完全的控制权，提供实时不间断的市场服务，并且通过智能合约实现金融服务的自动化和代码化执行。由于区块链的透明性，DeFi 的所有交易记录都是公开可审计的；DeFi 利用智能合约自动执行贷款、交换和投资等金融操作，且可以创建复杂的金融 DApp，这些 DApp 允许用户进行多种金融活动，如交易、借贷、投资，甚至高级自动化投资策略等。由于 DeFi 遵守不需要中介参与的透明金融协议，所有交易均透明公开，从而能够避免传统金融交易中容易出现的欺诈、伪造等各种风险，有效地保证了金融活动的透明性和可靠性。

然而，DeFi 也面临着一些问题和挑战，包括智能合约的安全性、监管的不确定性、市场波动性以及跨链资产互通问题等。尽管如此，DeFi 的潜力巨大，它正在推动金融服务的去中心化，为用户提供新的金融包容性。

总的来说，DeFi 代表了金融领域的一场巨变，它利用区块链技术提供了一系列无须传统银行或金融机构参与的金融服务，实现了金融服务的全球可访问性和透明度。DeFi 的应用场景十分广泛，包括借贷、去中心化交易所（Decentralized Exchange，DEX）、衍生品、稳定币、预测市场和保险等。DeFi 具备去中心化、抗审查性、可组合性等多方面特性，助力构筑全新金融生态，为金融体系的发展带来新的可能。

3.5 区块链的产业化应用

为了加快区块链的产业化应用,近年来,中央和地方政府出台了一系列区块链相关的政策文件,推动区块链技术创新、应用落地、生态培育和基础设施建设。2021 年,《中华人民共和国国民经济和社会发展第十四个五年规划和 2035 年远景目标纲要》中,将区块链作为数字经济重点产业之一,提出以联盟链为重点发展区块链服务平台和金融科技、供应链金融、政务服务等领域应用方案。多个部委在出台的行业领域信息化相关政策文件中,对加快区块链创新应用、推进行业数字化转型、促进经济社会高质量发展作出了明确部署。同年,区块链和各产业加强融合发展,在防伪溯源、数据共享、供应链管理、存证取证、城市治理、智慧城市、政务服务等领域持续发展,隐私保护、碳达峰碳中和、元宇宙、数字藏品等领域是区块链产业化应用的热点。

2022 年 1 月,中央网络安全和信息化委员办公室等十多个部门联合发布了《关于国家区块链创新应用试点入选名单的公示》,共发布了 15 个综合性试点地区、164 个试点单位,涵盖制造、能源、政务服务/政务数据共享、法治、税务服务、审判、检察、版权、民政、人力资源和社会保障、教育、卫生健康、贸易金融、风控管理、股权市场、跨境金融 16 个特色领域。

3.5.1 区块链+政务

1. 建设背景

2021 年 6 月 1 日,《信息安全技术 政务信息共享 数据安全技术要求》（GB/T 39477—2020）开始实施。该标准提出了政务信息共享数据安全要求技术框架，规定了政务信息共享过程中共享数据准备、共享数据交换、共享数据使用阶段的数据安全技术要求以及相关基础设施的安全技术要求。

目前，政务信息共享存在的痛点问题主要体现在以下几个方面：政府部门机构较多，业务数据类型不一；暂时缺乏高效、可控的数据共享流程与标准；数据共享安全和数据共享授权等问题。区块链技术因其优秀特性，在促进数据共享使用、优化业务流程、提升多方协作效率、降低运营成本、建立可信生态体系等方面具有较大的技术优势。"区块链+政务"可提供业务数据可信流通共享、信息安全防护、跨部门协同监管等能力，积极推动"区块链+政务"的示范性应用，助力新型数字政府、数字经济、数字法治和数字生活等领域的数字化建设。"区块链+政务"的主要建设目标如下。

① 利用区块链的去中心化、不可篡改、可追溯等特性为政务应用赋能，满足现有政务业务中保障数据安全、信息公开透明、简化业务流程、高效的多部门协作等需求。

② 利用区块链的数据安全共享，实现政务数据跨部门、跨区域的授权管理与共享使用，促进业务协调办理，深化"最多跑一次"改革，为人民群众带来更好的政务服务体验。

③ 利用区块链的分布式账本、密码学、共识机制、智能合约等技术，为政务安全赋能、为构建政务安全保障体系及运维体系提供支撑，确保政务数据在采集、使用、流转和共享过程中的安全性，加强数据安全保护，确保安全日志记录。

2. 主要应用

（1）不动产业务

构建不动产登记机构及住建、税务、民政、公安等部门的不动产业务区块链，利用智能合约技术设定不动产登记、流转、审批等的流程、规则，基于区块链上数据的安全授权共享实现多部门数据的授权调用、智能核验，加快不动产业务线上流转速度，提升业务办理效率。

(2) 电子证照

基于区块链技术构建电子证照的申领、使用、审核等全流程信任体系，确保电子证照信息真实、可追溯，保护个人隐私，保障电子证照安全使用。多个政务服务参与主体共同建设、共同监督，增强了电子证照的安全性与可信度。将身份证、社保卡、驾驶证、行驶证、护照等常用电子证照数据上链，借助区块链的不可篡改、可追溯、公开透明、数据加密等特性，确保电子证照的可信度与一致性。电子证照使用过程全流程上链存证，让用证数据链上永久留存，用证查证更方便，提高了办事效率。

(3) 司法存证

2018年9月，最高人民法院印发《关于互联网法院审理案件若干问题的规定》，承认了区块链存证在互联网案件举证中的法律效力，这是我国区块链技术手段首次得到司法解释认可的标志。利用区块链技术对接公证机关、仲裁委员会、版权局等权威部门，实现了电子证据的真实性、有效性、可追溯性、可验证性，有效提高了司法效率，降低了司法成本。

"区块链+政务"应用相当广泛，包含电子签章、电子票据、数字档案、产权登记、教育就业、透明摇号、选举服务、社保缴纳、养老公益、社会福利、执法办案、市场监管、资金监管、财政管理、税务管理、危化品监管等各个方面。

3. 价值体现

(1) 保障政务业务数据和日志数据的安全

区块链利用密码学、哈希算法等技术实现数据安全和隐私保护；分布式账本技术确保了数据的多重备份，提高了数据的安全存储；同时，加大了攻击者试图篡改、删除数据或者恶意攻击数据库等行为的难度和成本，从而保障了区块链数据的可信度、完整性、隐私性和安全性等。

（2）政务数据流程可追溯

利用区块链技术，明确了政务数据的归属权与管理权，结合智能合约技术，能够明晰数据共享与业务协同过程中的使用权。在政务数据授权共享、协同办理业务时，能够将数据流转使用记录上链存证，为后续提供政务数据的溯源依据，建立可监管、可追溯的政务数据共享授权机制。

（3）提升政务事项办理的透明度

政务数据上链存证，使业务办理全流程上链，加上区块链数据的公开透明、可追溯等特性，促进了监管机构的全面监管，为科学决策提供支撑，提升了政府公信力。

3.5.2 区块链+农业

1. 建设背景

2021年12月，农业农村部印发《"十四五"全国农业农村科技发展规划》，以充分发挥科技对全面推进乡村振兴、加快农业农村现代化的支撑引领作用，并指出，加快互联网+、物联网+、大数据、人工智能、区块链等与农业结合技术研发与应用。2022年2月，农业农村部印发《"十四五"全国农产品质量安全提升规划》，提出积极推进物联网、人工智能、5G、云计算、大数据、区块链等新一代信息技术在农产品质量安全领域的应用。

2022年9月，农业农村部印发《农业现代化示范区数字化建设指南》，指出加快物联网、大数据、人工智能、区块链、5G 等现代信息技术在农业生产领域的深度应用；借助遥感、物联网、区块链等现代信息技术，健全县乡村组四级耕地用途管控网格化管理机制；依托国家和省级农产品质量安全追溯平台，应用区块链、大数据等现代信息技术，健全农业投入品购销使用、生产过程管控、产品端销售等信息，提升农产品质量安全智慧监管水平。

2. 主要应用

（1）农产品溯源

作为农业大国，我国农产品市场规模庞大，但由于个别生产经营主体的质量安全意识淡薄，一些不合格农产品流入市场。

区块链技术具有可追溯、不可篡改的特性，因此可应用于农产品生产、流通等各环节，实现农产品的可信溯源。在种植、养殖环节，对农产品产地进行定位，监测环境生态指标、种植或饲养情况、检验检疫数据、采收或屠宰信息，并结合原产地物联网数据，上传到基于区块链的溯源系统中，确保了采集数据的可信性。在生产加工过程中，将生产企业位置信息、生产过程、检验过程等数据上链。同样，将农产品的仓储、物流、销售等环节数据上链存证、监管，在区块链上为农产品建立唯一"身份证明"，并将各环节的关键数据形成信息溯源链条，从而实现农产品的种植或养殖、生产加工、检验、运输、配送等过程全链条可追溯。消费者通过扫码等方式可直观查看相关数据，构建起消费者与农产品之间信任关系。

（2）乡村治理

建设基于区块链的乡村治理平台，村民在区块链上拥有唯一的去中心化数字身份 DID，村民的相关行为与 DID 关联，如农产品种植与销售、务工情况、村民选举等。另外，可推动公共服务和政务服务向农村基层延伸覆盖,"一网审批"解决农村办事难的问题。例如,利用区块链技术,建立全新的农村产权交易平台,实现农村资产数字化和链上资产确权流转等。区块链赋能乡村治理,还包括政务公开、财务公开、数字社区等方面,因此,应发挥区块链的科技效能,使数字科技为乡村治理赋予更多生机与活力,能够推动乡村治理体系更好地发展。

"区块链+农业"的相关应用相当广泛,在农业供应链金融、农业设施设备的管理、乡村旅游等方面,区块链都可以发挥其积极作用,赋能农业发展。

3.5.3 区块链+教育

1. 建设背景

2022年2月,教育部等五部门发布《关于加强普通高等学校在线开放课程教学管理的若干意见》,指出强化学习过程监控,充分运用人工智能、大数据、区块链等新一代信息技术,依法依规对身份认证、课程内容、讨论记录、学习数据实施监控,有效识别"刷课""替课""刷考""替考"行为。

2022年8月,教育部印发《关于加强高校有组织科研 推动高水平自立自强的若干意见》,提出深入实施高等学校人工智能、区块链、碳中和科技创新行动。

2. 主要应用

(1) 学习过程和学习成果的管理与验证

为了进一步推进学生跨学校学习和学分互认等进程,各学校可建设高校联盟链,将学生在不同学校学习的过程上链存证,并在学校之间实现共享访问,可实现学生学习全过程溯源。另外,将学生各阶段的学习成果上链存证,可供后续查询与验证。

① 学习过程溯源。

由于学生在各阶段的学习过程已全部上链存证,因此可在链上查询学生的所有学习过程,形成学生学习过程的时间轴,实现学生各阶段学习全过程的追溯。

② 学分银行。

以学生学习过程为基础,记录各学习课程所取得的学分情况,提供包括学分链上查询和验证、学分置换和学分管理等相关功能。学分银行有助于对学生的学习过程和学习成果进行真实、客观评估,改变学生在一个学校学习的传统模式,实现学习时间的高效利用,提升学生学习效率,满足学生的个性化学习需求。

③ 证书验证。

将学生在校学习期间所获得的各项证书上链存证,并提供可信的证书验证服务;同时,面向学校教职工,可方便提供校方出具的在职证明、收入证明、职称证明等数字凭证,为广大师生提供便捷、高效的在线数字证书服务。基于区块链的数字化证书凭证,引入数字签名与加密等技术,保障了数字化证书凭证的来源可信、证书使用流程可追溯。

(2) 课程资源管理与评价

学校教师将教学资源上链存证,有助于保护教学资源的版权;同时,利用密码学技术对教学资源进行加密和数字签名,保障了教学资源的隐私性与安全性。

在教学资源的使用过程中,将教学资源创建、上传、学生申请、在线学习、下载等操作所有过程链上存证,利用区块链技术的可追溯性,可对教学资源的全流程进行溯源。

学生在完成教学资源的学习之后，可对教学资源进行客观评价，评价内容包括对教师教学方法、教学风格、教学态度以及教学资源的评价。所有评价内容链上存储，不可篡改，并可根据评价的数据进行统计分析，最终得出教师、教学资源的总体评价。因评价数据的真实性、可信度高，可作为后期教师评选、教学考核的重要指标之一。

3.5.4 其他行业应用

近年来，区块链技术已被广泛应用于各行各业，区块链技术及其应用与经济社会发展深度融合，应用方向涵盖实体经济、社会治理、民生服务等重要领域，各类场景创新不断涌现。区块链技术在促进数据共享、优化业务流程、降低成本、提高效率、建设可信体系等方面的作用不断凸显，规模化效应逐步显现。

1. 区块链+供应链

利用区块链无须信任第三方的特性，可赋能供应链领域，以构建多方高效协同平台和可信协作机制。在生产制造、跨境贸易、电子商务、物流等行业，基于区块链技术构建的供应链协作体系，将供应链各流程的业务数据上链存证，全程留痕，实现端到端的透明化，构建供应链可信协同机制，增强供应链协同协作的精准性和高效性，推动供应链上下游企业的深度合作。

2. 区块链+版权

利用区块链技术的不可篡改、可追溯等特性，可实现"区块链+版权"的相关应用,包括版权权属确认等基础性服务,版权授权交易、维权保护、版权金融等多个关键环节的服务功能,并通过与司法等领域跨链协同,进一步提高侵权事实认定及取证效率,简化纠纷化解程序,降低版权维权成本,为数字空间创作者带来权威公信、简单易用、方便快捷的版权服务新体验。

3. 区块链+数据要素

"区块链+数据"要素有助于促进不同领域数据资源的可信流通,充分释放数据作为社会基础生产要素的战略价值,推动各行业、各部门数据资源加速走向开放共享。基于区块链技术建立安全可信的数据授权、访问、使用机制,进一步保障数据来源可确认、使用范围可界定、流通过程可追溯、安全风险可防范,是解决数据共享与流通中互信、隐私安全等问题的有效途径之一,有利于促进数据资源安全有序流通,为数据安全共享提供可靠保障。

第 ❹ 章 区块链的可扩展性

4.1 区块链现状分析

4.1.1 面临的挑战

近年来，随着区块链技术的快速发展和应用的大力推广，全球多个国家制定了区块链产业发展战略。我国区块链政策环境积极向好，中央及地方政府很重视区块链技术及其产业部署。随着区块链应用和业务数据的不断增加，区块链技术在产业化应用过程遇到了诸多挑战，特别是在区块链发展的总体布局、运营模式、监管治理、应用创新、技术能力等方面，仍需深化研究，以进一步推进区块链技术的规模化、产业化、合规化发展进程。

1. 总体布局

当前，我国区块链基础设施主要从区域和行业角度发展建设，以服务区域和行业应用需求为主，从更高层面看，各个城市级、行业级区块链基础设施建设缺乏统筹规划，导致标准不统一、节点不互联、数据难互通，已经成为制约跨区域、跨行业、跨主体规模化应用的关键要素，对我国区块链技术应用和产业的长期健康发展带来一定影响。区块链技术及其应用的发展首先应做好总体布局，包括确定发展路线、梳理发展思路、明确应用方向、制定相关标准等。在区块链人才建设方面，要加强区块链的理论、技术、行业应用等各方面的人才队伍建设，为区块链的发展提供全方位的人才保障。同时，在区块链基础设施建设方面，要总体布局，统筹规划。

2. 运营模式

在区块链系统的建设方面，虽然中央及地方政府出台了一系列区块链相关的政策，在各行业建设了一些联盟链，开发了更多使用区块链进行存证、溯源等相关的区块链应用，但在区块链系统的运营方面，区块链服务的长效运营模式仍不够清晰，缺乏可持续发展的商业思路；区块链的应用建设方面，仍局限于存证、溯源等方面，未最大化发挥区块链的价值，区块链的应用场景仍有很大的拓展空间。因此，区块链技术及其产业化应用的商业思路、发展路线等运营模式仍需继续研究探讨。

3. 监管治理

区块链技术具有去中心化、不可篡改等特性，基于区块链技术的创新应用探索正改变着生产关系，重构传统业务形态。一方面，部分原有的法律法规体系、业务监管模式、税务体系等已不适用新的业务形态，监管政策、制度的执行面临困难，用户和行为的追踪审计、数据和合约的有效、合规、安全等监管要求难以实现，制约了创新应用的发展。另一方面，区块链的监管治理尚未得到足够的重视，治理规则仍不够完善、透明，很难具有类似公有链的高公信力和认可度，限制了区块链应用生态的健康发展。另外，随着区块链特别是数字加密货币和数字资产等的快速发展，洗钱、逃税、赌博、诈骗、传销等犯罪案件频发，区块链的监管治理需求呼之欲出。因此，需要制定与区块链及其创新应用相适配的监管治理体系。

4. 应用创新

区块链技术应用创新面临的挑战主要体现在以下几个方面：① 应用深度。当前国内大部分区块链应用聚焦在数据存证、溯源等方面，尚未深入实际应用场景中的复杂业务逻辑；另外，在面向数据确权、多方协作、价值转移等方面的创新应用不多。区块链技术的应用仍不够深入，未能充分发挥区块链技术的真正价值。② 应用领域和范围。区块链技术已经应用于政务、教育、农业等很多行业和领域，但是部分应用规模较小，体现为联盟链节点数量少、应用业务单一、覆盖范围小、业务量较低、用户数量少等。区块链技术应用的领域和范围规模有待进一步突破。③ 应用质量。由于当前区块链技术的应用深度、范围有限，其核心价值未能充分体现，综合运用区块链技术优秀特性的大规模商业应用案例仍然不多，应用的质量有待突破。④ 应用跨链。当前，不同领域或部门建设的区块链系统要实现跨链，已建设的区块链应用之间要实现互联互通。因此，应从区块链技术应用的深度、领域范围、质量、跨链等方面充分考虑应用，以推动区块链技术的创新应用进程。

5. 技术能力

区块链技术能力主要是指区块链核心技术的自主研发能力，包括区块链系统底层技术的研发能力和区块链的应用技术能力。① 区块链系统底层技术的研发能力。区块链系统的底层技术包括密码学技术、分布式存储、

P2P 网络、共识算法、智能合约技术、激励机制、跨链技术、性能扩展技术等，距离国际水平还存在一定差距，自主研发水平有待进一步提高。国内区块链系统主要以联盟链为主，超级账本、以太坊等依然是国内产业区块链主要的技术平台。目前，虽然产生了很多联盟链技术平台，但与超级账本、以太坊等在规模和范围上相比还有较大差距，需要在智能合约开发、区块链监管治理、区块链安全、分布式计算等方面进一步加强区块链底层技术创新研发能力，特别是在有影响力的核心技术方面。② 区块链的应用技术能力。区块链技术在国内的产业化应用方面有着广阔的发展空间和应用场景。在区块链技术和实体产业的融合方面，当前仍处于应用的初始阶段，基本上采用通用的区块链平台和技术，且大部分应用局限于存证溯源等。但各行业、领域均有特定的需求，需要针对不同领域的不同要求定制不同的区块链系统。同时，区块链技术需要与大数据、云计算、物联网、人工智能等新技术有机融合，进一步发挥区块链技术在业务应用中的优势与价值。

4.1.2 可扩展性分析

区块链技术在其应用过程中面临着诸多挑战，从技术角度来看，主要是区块链的扩展性问题。随着区块链技术产业化应用进程的不断推进，区块链的可扩展问题逐渐突出，主要有以下原因：① 区块链应用的范围和数量的增长。随着区块链技术的快速发展，区块链技术已逐渐应用于各行各业，其应用范围不断扩展；同时，在各领域应用的数量也不断增加。② 区块链交易数量的增加。随着应用的不断深入，上链的业务数据不断增多，交易规模不断增大；另外，业务应用系统的用户量也在不断增加，区块链的交易发送越来越频繁。③ 区块链应用历史数据量的增加。随着时间的推移,各区块链应用的链上的业务数据量不断增加,历史数据越来越多。

为了更好地描述区块链系统的整体性能,在区块链领域,一般采用可扩展性(Scalability)来表述,包括交易吞吐量、交易时延、存储开销、网络效率、共识效率、资源消耗等指标项。

1. 交易吞吐量

交易吞吐量是指区块链系统每秒可处理的交易数量(Transactions Per Second,TPS),直接反映了区块链系统所能支持的最大交易规模,决定了区块链系统在用户数量多、交易频繁状况下的表现好坏。比特币区块链系统的 TPS 为 7,以太坊的 TPS 为 15 左右。一般情况下,公有链的 TPS 相对较低,而联盟链、私有链的 TPS 相对较高。

2. 交易时延

交易时延是指交易从用户发送到链上确认的时长,交易时延越短,区块链性能越好。一般情况下,区块链系统接收到的交易量越大,交易时延也会越高。在比特币区块链中,每 10 分钟产生一个新区块,并需要 6 个区块确认交易,因此,比特币区块链的交易时延为 60 分钟。但当网络中接收到的交易笔数过多,即网络拥堵时,实际交易时延可能会更高。

3. 存储开销

存储开销是指节点加入区块链网络中所需要的存储空间大小。一般情况下,区块链全节点需要存储区块链所有区块、交易等数据,存储开销越大,对节点存储系统要求就越高,能够满足该需求的节点也会越少,进而降低了区块链系统的去中心化程度,同时也增加了新节点加入区块链网络需要同步数据的时长。当前，随着区块链高度的不断增加，区块链数据膨胀问题日渐突出。blockchair 网站统计数据显示，截至 2024 年 8 月 1 日，比特币区块链数据大小约为 590GB，以太坊数据大小约为 1 058GB。

4. 网络效率

区块链网络是由很多对等节点构建的。一般情况下，网络中节点数量越多，安全性越高，但可扩展性会随之降低，这是因为需要更长的时间将区块、交易等数据广播到网络中更多的节点。随着区块链系统的应用增多，加入区块链系统中的节点数量也逐渐增多，当前比特币区块链和以太坊的节点数量都不超过 1 万。

区块链系统的可扩展性与链结构、存储模式、网络、共识等都有一定的关系，因此，提升区块链系统的扩展性应从多方面综合考虑。

4.2　区块链不可能三角

区块链不可能三角（Blockchain Impossible Triangle）也称为"区块链三难问题""区块链三角悖论"（Blockchain Trilemma），是指在区块链系统的设计过程中，三个关键属性［去中心化（Decentralization）、安全性（Security）和可扩展性（Scalability）］之间相互制约，很难同时达到最优状态，满足其中两项往往需要牺牲剩下的一项。区块链不可能三角如图 4-1 所示。

在区块链系统的设计过程中，开发者需要在这三个方面作出权衡，根据具体的应用场景和需求来优化系统。例如，比特币区块链强化了去中心化和安全性的设计，但其可扩展性相对较差，交易吞吐量较低；采用委托权益证明（DPoS）共识机制的 EOS，选定一定数量的超级节点负责记账、出块，降低了去中心化程度，但提升了可扩展性，提高了交易处理效率。

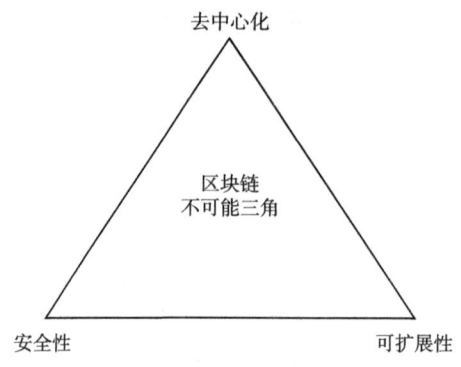

图 4-1　区块链不可能三角

4.2.1　去中心化程度

区块链的去中心化是指节点之间相互对等，没有权限最大的管理者节点，包括存储、网络、共识等的去中心化。在 P2P 网络中，一般情况下，节点数量越多，去中心化程度越高。

区块链系统的去中心化主要表现为存储、网络、共识等的去中心化。相对于中心化存储系统，区块链系统的数据分布式存储在各个节点；区块链网络一般都是采用点对点的 P2P 网络；共识方面，是按照协议规则，一般由多个节点共同参与。

区块链系统的组织和管理也是去中心化的。一方面，区块链网络的组织方式是去中心化的，节点在物理位置上可以分散于世界各地；另一方面，在节点管理方面也是去中心化的，即区块链系统是由所有节点共同管理维护的。

去中心化设计能够防止单点失效、避免被中心化的管理节点控制等，提高了区块链系统的抗审查性和抗单点故障的能力，但也增加了处理效率降低、交易速度变慢等风险。

4.2.2 安全性

安全性是指区块链系统能够抵御故障错误和各种攻击的能力，即区块链系统能够在出现故障和被攻击时仍然能够正常运行。安全性是区块链系统安全稳定运行的基础保障。区块链系统的安全性主要在两种情况下会遭受威胁：① 故障错误（Non-Byzantine Fault 或 Crash Fault），即因断电断网、服务器停止运行等原因导致节点被动退出区块链网络，一般发生在联盟链或私有链。在公有链中，一般不超过一半节点的故障错误不会影响区块链的正常运行。② 恶意攻击（Byzantine Fault），即一些恶意节点因利益等原因，对区块链系统发起主动攻击，一般发生在公有链。在联盟链或私有链中，由于节点需要经过授权才能加入区块链网络，因此，恶意节点难以对其发起攻击。

按照区块链系统的分层架构，区块链系统安全性可以分为网络安全、共识安全、合约安全等。

1. 网络安全

区块链网络是节点加入区块链的入口，也是最容易遭受攻击的。常见的网络攻击类型主要有：分布式拒绝服务攻击（DDoS Attack）、日蚀攻击（Eclipse Attack）、女巫攻击（Sybil Attack）、粉尘攻击（Dusting Attack）、重放攻击（Replay Attack）等。防御攻击的安全措施主要包括：修改节点的网络连接设置、增加网络异常检测机制、为节点增加额外连接等。

2. 共识安全

共识安全主要是针对具体的共识机制的安全性,不同的共识机制面临的安全威胁也不同。PoW 共识机制主要面临 51% 攻击、双花攻击（Double Spending Attack）等；针对 PoS 共识机制的攻击主要是无利害攻击（Nothing at Stack Attack）、长程攻击（Long Range Attack）等；PBFT 共识机制主要面临主节点攻击、视图频繁变更攻击等。为防范对共识机制的攻击，一方面要研究 PoW、PoS、PBFT 等特定共识机制的安全性，并有针对性地提出相应的安全策略；另一方面要尝试提出新的共识机制，以克服共识机制面临的安全挑战。

3. 合约安全

智能合约攻击是指攻击者利用智能合约代码中的漏洞发起的攻击，包括重入攻击（Reentrancy Attack）、溢出攻击（Overflow Attack）、Gas 限制和 DoS 攻击、交易顺序依赖性攻击等。防御措施包括：对智能合约代码进行安全审计和测试审查；形式化验证智能合约代码；使用经过验证的库和框架，避免使用不安全的函数和操作等。

区块链系统还面临着预言机攻击、存储攻击、密码学相关攻击等风险。为了提高区块链的安全性，需要从网络、共识、合约等多方面进行防御，以有效降低区块链系统面临的安全威胁。

4.2.3 可扩展性

区块链可扩展性是指区块链系统能够处理大量交易的能力，其衡量指标项主要是交易吞吐量、交易时延等，高吞吐量、低时延的区块链系统，其可扩展性越优。可扩展性与区块链系统的链结构、网络、共识、存储等架构的设计相关,提升区块链系统的扩展性应从这些方面综合考虑。

4.3 可扩展技术方案及分析

4.3.1 可扩展技术方案

区块链技术因其去中心化、不可篡改等特性,有着诸多应用场景,但同时也存在一些可扩展性瓶颈,包括交易吞吐量、共识效率、区块数据存储空间需求、节点间网络传输效率、不同区块链之间的数据交换等。针对这些问题,诸多专家学者及相关机构提出了一些区块链可扩展性解决方案。

1. 改进区块链协议

改进区块链协议包括增大区块容量、扩展区块链协议、增加链上交易数等方案。增大区块容量是增加每个区块包含的交易数量,喻辉等人进行了比特币区块链扩容技术的研究❶;加文·安德烈森(Gavin Andresen)❷在 BIP 101 中建议采用一种以可预测速率随时间增长的最大区块代替固定的 1MB 区块;比特币现金(Bitcoin Cash)将区块大小限制从 1MB 增加到了 8MB。隔离见证(Segwit)是比特币的升级,修改了比特币区块链的存储结构,删除了交易签名数据,释放了区块中的存储空间,以便区块中可以存储更多交易。

增加链上交易数是将交易仍然存储在链上,通过改进共识等增加交易

---

❶ 喻辉,张宗洋,刘建伟. 比特币区块链扩容技术研究[J]. 计算机研究与发展,2017,54(10):2390-2403.

❷ ANDRESEN G. BIP 101:Increase Maximum Block Size [EB/OL]. [2024-01-13]. https://github.com/bitcoin/bips/blob/master/bip-0101.mediawiki.

数,以提升区块链交易吞吐量。伊塔·艾(Ittay Eyal)等人提出了比特币的可扩展协议 Bitcoin-NG❶,该协议采用 PoW 算法选出记账人,生成关键区块,在下一个记账人被选出前,允许生成包含交易数据的微区块,以提升共识过程中的交易数。

增加区块大小也会带来新的问题,如增加区块的传播时间,增加节点验证区块的时长等。

2. 链下交易

链下交易是将交易进行线下处理,从而提升交易吞吐量,并将最终状态存储到区块链上。闪电网络借助双向支付通道以大容量、高速地处理交易。迈克·赫恩(Mike Hearn)提出了比特币区块链的通道支付协议❷,另外,一些针对闪电网络、雷电网络的改进方案也可以提升交易吞吐量。

链下支付通道方案存在的问题主要有:打开、关闭通道也是一种交易,需要花费交易成本和时间;应用场景受限,适用于交易频繁、小额支付的场景;直接使用中继节点提供的支付通道时,用户隐私性受到威胁。

使用侧链或子链方案,可以将主链上的部分交易转移到侧链或子链中,帮助主链处理部分交易,减轻主链的交易压力,同时实现侧链或子链与主链之间的锚定关系。如 Plasma 在实现资产转移功能的同时,保证了侧链中资产的安全性。

3. 改进链结构

目前,大部分区块链项目采用的是链式结构。随着区块链技术的发

---

❶ EYAL I, GENCER A E, SIRER E G, et al. Bitcoin-ng: A Scalable Blockchain Protocol[C]. 13th {USENIX} Symposium on Networked Systems Design and Implementation ({NSDI} 16). 2016: 45-59.

❷ HEARN M. [Bitcoin-development] Anti Dos for Tx Replacement[EB/OL]. [2024-01-13]. https://bitcointalk.org/index.php?topic=91732.0.

展,产生了一些新的区块链结构。多链结构为节点运行多条链,每条链都有其独立的账本数据,不同链的交易可并行执行。有向无环图(DAG)结构是另一种新的区块链结构。IOTA 采用 DAG 结构且没有区块,交易通过其他交易发起者验证,其转账无须手续费,交易速度快。ByteBall 中每一笔新交易链接到之前的多笔交易,既证实了之前的交易,又确立了交易的相互关系。Hashgraph 中各交易组成 DAG 结构,通过 Gossip About Gossip 协议实现高并发的交易。

4. 分片技术

分片技术是将全网节点划分为若干个子网络,每个子网络独立进行共识。Elastico 方案基于 UTXO 模型,将矿工节点和交易划分成多个分片,每个矿工节点处理分片内的交易,以提高区块链的性能。OmniLedger 是一种主流的区块链分片方案,实验中,交易吞吐量达到每秒 6 000 次交易,交易延迟在 2 秒以下,实现了节点分片、交易分片和存储分片。RapidChain 的通信、计算和存储实现完全的分片,其交易吞吐量超过每秒 7 300 笔交易,能够抵御具有 1/3 系统算力的恶意节点攻击。Zilliqa 方案基于账户/余额模型,将交易发送人的身份作为分片基准,同一个发送者发起的所有交易在同一个分片内进行处理。

分片方案主要面临的问题是跨分片交易的处理效率问题。跨分片交易往往需要多个分片共同执行,这降低了交易的处理效率。另外,由于节点被分配到不同的分片当中,各分片中的节点数量相对较少,攻击单个分片相对较容易,这可能会带来分片的安全性问题。

5. 节点分为不同角色

节点分为不同角色的方案有助于充分利用区块链节点的资源,提高了区块链的可扩展性。Hyperledger Fabric 的节点角色包括排序（提供共识服务）、背书人（充当背书人或记账人）、提交人（验证交易并提交交易）等。以太坊网络的分片架构 Danksharding 采用 PBS（Proposer-Builder Separation，提议者/构建者分离）技术，区块提议是提交一个区块供网络验证者批准，而区块构建是交易排序的过程。在 Flow 区块链中，不同的任务被分配给专门的节点角色：收集、共识、执行、验证和观察。基于 EV（Execute-Validate）架构实现了一个许可的区块链 NeuChain，它引入了 Epoch 服务器、客户端代理、区块服务器等几个关键组件。在 BIDL 中，只有客户端可以生成和签署交易，共识节点对提交的交易进行 BFT 共识，普通节点进行交易执行。这些将节点分为不同角色的方案具有不同的角色定义，但它们都在不同程度上提升了区块链的可扩展性。

6. 交易并行

近年来，区块链交易的并行执行得到了广泛的研究，业界提出了各种类型的并行交易执行技术提升区块链的性能，主要包括确定性并行和乐观并行。① 确定性并行。在 Solana 中，交易被明确指定访问账户，其交易调度器可以利用读写锁机制并行执行交易。有学者定义了交易执行过程中要访问的对象，并通过其混合交易处理方法实现了比其他区块链更快、更高效的性能。北京航空航天大学软件开发环境国家重点实验室团队提出了一种交易拆分算法解决并行智能合约模型中的同步问题，并使用多线程技术实现所提出的并行执行交易的模型。❶ 刘健等人提出了一种在不同执行节点组中并行执行交易的新范式，共识节点可以异步地对交易进行排序并

---

❶ WEI Y, KAN L, YI D, et al. A Parallel Smart Contract Model [C]//Proceedings of the 2018 International Conference on Machine Learning and Machine Intelligence, 2018: 72-77.

处理执行结果,但合约开发人员需要枚举所有依赖关系。❶ ② 乐观并行。Aptos 首先对交易进行排序,然后在处理线程之间进行拆分以并行执行,并跟踪交易更改的内存位置。在每一轮中检查交易结果,如果交易访问了早期交易的内存位置,则结果被擦除,交易将被重新执行。Monad 允许使用乐观并行模型在区块内并行执行交易,它跟踪输入和输出,并重新执行不一致的交易。静态代码解析器预测依赖关系以避免无效的并行性,并在不确定的情况下恢复到简单模式。Sei V2 旨在成为第一个采用乐观并行化的完全并行 EVM,当发生冲突时,区块链会跟踪每笔交易访问的存储部分,并按顺序重新执行这些交易。Hyperledger Fabric 及其变体采用乐观并发控制(OCC)策略,在新的执行顺序验证提交(EOVC)范式下支持并行执行。Fabric++通过提前终止不可序列化的交易,降低了验证阶段的中止率。确定性并行需要读写集,可以通过客户端预定义或预执行来获得;当交易之间存在较多的读写冲突时,乐观并行可能导致较高的中止率。

7. 跨链技术

随着区块链技术的发展,出现了众多区块链项目,但不同链之间相互独立,无法实现价值交换。跨链技术就是为了解决不同区块链之间的相互交互,主要包括以下几类:公证人技术、侧链/中继、哈希锁定、分布式密钥控制。

公证人技术引入共同信任的第三方作为公证人,通过公证协议实现不同链的资产转移与数据交换等。侧链/中继技术通过特殊的中心化方法实

---

❶ LIU J,LI P L,CHENG R,et al. Parallel and Asynchronous Smart Contract Execution[J]. IEEE Transactions on Parallel and Distributed Systems:A Publication of the IEEE Computer Society,2022(33-5). DOI:10.1109/TPDS.2021.3095234.

现跨链。哈希锁定技术通过公用密钥实现交换，使用智能合约、事件锁保证交易的原子性。分布式密钥控制技术通过私钥分布式密钥生成、智能合约、门限签名等技术，保证跨链交易的安全性。

4.3.2 可扩展技术方案分析

现有的区块链可扩展技术方案都具有一定的优势，但在实际规模化应用过程中，也会面临新的问题。一方面，方案侧重于存储、网络、合约并行等单一方面，没有从区块链系统的总体架构设计角度考虑一种综合性的解决方案；另一方面，各解决方案带来了新的问题和挑战。针对现有的可扩展技术方案的分析如下。

① 仅从单一方面考虑。例如，改进链结构仅考虑了交易处理效率，未考虑存储、网络等方面的优化。

② 带来的新问题。例如，分片带来的跨分片交易处理效率不高的问题；交易并行带来的交易冲突问题等。

③ 引入新的负载。例如，有些方案将节点分为不同角色，但引入了不同角色网络的构建、网络中节点重新分配等负载。

④ 仅适用于特定场景。例如，链下支付通道方案仅适用于交易频繁、小额支付的场景。

区块链可扩展技术方案的发展趋势主要是模块化区块链（Modular Blockchain），模块化区块链是相对于单体区块链（Monolithic Blockchain）而言的。

单体区块链是将交易验证、交易排序、交易打包、交易执行、区块广播等全过程集中在同一条链上执行，典型的单体区块链如比特币区块链、以太坊等。

模块化区块链将区块链的不同功能分离成独立的模块，在特定功能模块上提供较好的性能支持和用户体验，其核心思想为可插拔产品，各种服务和功能可以像乐高积木一样轻松地插入和拔出，实现更加灵活和可定制的区块链解决方案，以便根据特定应用场景的需求，快速构建和部署区块链系统。

以太坊生态的模块化区块链见表4-1。

表4-1 以太坊生态的模块化区块链

序号	组件	知名产品	说明
1	执行	Optimistic Rollups（Arbitrum, OP, Base, Blast）	一种乐观的假设，即所有交易默认认为有效，除非有明确的证据表明存在错误
2		ZK Rollups（Linea, Starknet, zkSync）	要求所有交易在被接受之前必须经过有效性证明
3	数据可用性共识	Celestia	纠删码技术、数据可用性抽样
4		EigenLayer	EigenDA 数据可用性服务
5		Avail	由 DA、Nexus、Fusion 构成
6	结算	Dymension	基于 Cosmos 的模块化区块链平台
7		Cevmos	为 EVM 兼容的 rollups 提供结算层

模块化区块链是一种新型的区块链架构，将区块链系统分解为多个特定的组件或层次，每个组件负责处理特定的任务，如共识、数据可用性、执行和结算等，其显著优势在于其灵活性、协作性，将非核心功能外协给其他专家、模块或系统，形成一种协同效应，实现整体性能的显著提升。

第5章 数据存储扩展

数据层处于区块链分层架构的最底层，区块链网络中每个全节点一般都存储了所有区块链数据，因此保障了区块链中存储数据的不可篡改和公开透明性，并提高了区块链系统的可用性，但也给节点的数据存储系统带来了巨大的压力，限制了越来越多的计算机加入区块链网络。未来，区块链的完整备份数据量将远超个人电脑所能承受的存储容量。

为了解决区块链系统数据存储的扩展性问题，很多创新的方法被提出，主要分为链下存储扩展与链上存储扩展两大类。链下存储扩展是将区块的部分数据从原区块转移到链下数据存储系统，区块中仅保存部分主要信息和链下存储位置等，从而尽可能减少存储到区块链上的数据量。链下存储扩展方案很大程度上减轻了节点的数据存储压力，但一般需要外部的数据存储系统，可能会增加主链的复杂度。此外，链下数据更难让公众验证，这可能导致数据透明度和规范性降低，也增加了从外部数据存储系统获取数据的通信时长。链上存储扩展是通过改变区块链系统存储设计，优化区块数据结构和数据存储管理方式等，该方案中区块数据仍然存储在区块链中，而不需要外部的数据存储系统。链上存储扩展方案在区块数据仍然存储在区块链上的前提下，降低了对节点区块数据存储的需求，并能够保证区块链数据存储的可靠性、安全性，但同样是"以时间换取空间"，当从其他节点请求区块数据时，增加了获取数据的时长和网络中数据传输负载。

本章采用链上存储扩展方案，结合存储证明的激励机制，提出一种虚拟区块组（Virtual Block Group，VBG）的数据存储扩展模型。采用 VBG 模型，每个节点仅需存储部分区块数据，并以区块数据为资源，将 VBG 存储索引保存到分布式哈希表中，提高区块数据的查询效率，同时通过区块数据存储的激励机制、区块数据的存储验证与审计机制，保证区块数据存储的安全性和可靠性。该模型在保证区块数据存储安全可靠的前提下，以较短的区块数据请求时间，在较大程度上节省节点的磁盘存储空间。该模型不改变共识机制和网络拓扑结构，保持了原有区块链系统的可靠性和安全性。

5.1　分布式数据存储技术

近年来，信息化、新兴技术飞速发展，数据的价值越来越被重视。随着信息化系统的逐步建设和不断应用，政府和企业积累了大量的业务数据，数字科技（DT）时代已逐步代替信息技术（IT）时代。业务数据量不断累积，数据处理技术逐渐成熟，数据价值已成为信息化应用的重心。

然而，数据量日益增长，对数据存储提出了大容量、高稳定性和可靠性、低成本等要求。传统的中心化数据管理模式会导致主服务器负荷重，形成性能瓶颈，并因单点故障容易引起全网瘫痪。

分布式数据存储采用可扩展的存储架构，将数据分布式存储到多个存储系统中，利用多个存储系统分散存储负载，并使用索引服务器管理数据存储索引，提高了数据存储的管理效率、可靠性、可用性等。分布式数据存储是实现区块链的关键技术之一，具有以下特点。

5.1.1 高可用性

由于多个存储系统都存储了数据,所以,即使一个或几个存储系统出现故障或被攻击等异常情况,且不能提供数据存储或查询服务时,整个分布式数据存储系统仍然能提供数据管理服务,具有高可靠性和可用性。

5.1.2 数据一致性

分布式数据存储采用多个存储系统都存储相同数据的方式保持数据一致性。数据存储时,首先写入一个副本,然后多个副本读取,以此保持多个数据存储系统的数据一致性。

5.1.3 可扩展性

随着数据量的不断增多,分布式存储系统应具有较好的可扩展性。一方面,可以扩展现有存储节点的硬件配置,实现分布式数据存储系统的纵向扩展;另一方面,可以增加存储节点,将数据进一步分布存储到新加入的存储节点中,降低现有存储节点的存储负载,实现横向扩展。

分布式数据存储技术的应用越来越广泛,但分布数据存储仅是数据存储物理上的去中心化,而非数据管理上的去中心化,无法满足数据变更溯源、数据及所有者隐私保护、跨部门数据交易、数据交换共享等需求。这就需要一种安全、可信、可靠的技术方案将各参与方整合在一个高效的数据流转体系中,才能进一步促进行业的发展。区块链技术提供了一种可行的解决方案,区块链技术在分布式数据存储的基础之上,进一步实现了分布式数据管理。

5.2 存储扩展研究现状及分析

5.2.1 存储扩展研究现状

在区块链系统 P2P 网络中，各全节点一般存储了所有区块数据，高冗余的区块数据存储确保了链上数据的不可篡改、真实可信等特性，提高了区块链系统数据存储的可靠性。但这对节点存储空间需求较高，同时也是一种存储资源的浪费，给区块链节点的存储系统带来了巨大的压力，特别是物联网设备或移动终端等磁盘空间较小的设备，从而大大限制了越来越多的计算机加入区块链网络。未来，区块链上的完整区块数据量将远超个人电脑所能承受的存储容量。

为了提高区块链数据存储的可扩展性，很多创新的方法被提出。孙知信等人总结了区块链存储可扩展性研究的进展，并将当前主要的存储可扩展性方法进行归纳分类。[1] 提高区块链存储可扩展性方法分类如图 5-1 所示。

1. 链下存储

链下存储扩展是将区块的部分数据从原有区块转移到链下数据存储系统，区块中仅保存部分主要信息及链下存储的位置，从而尽可能减少存储到区块链上的数据。链下存储扩展减轻了节点的数据存储压力，但因较依

---

[1] 孙知信,张鑫,相峰,等. 区块链存储可扩展性研究进展[J]. 软件学报,2021,32(1):1-20.

赖链下数据存储系统，增加了主链的复杂度和通信时长，且链下数据降低了透明度和规范性。

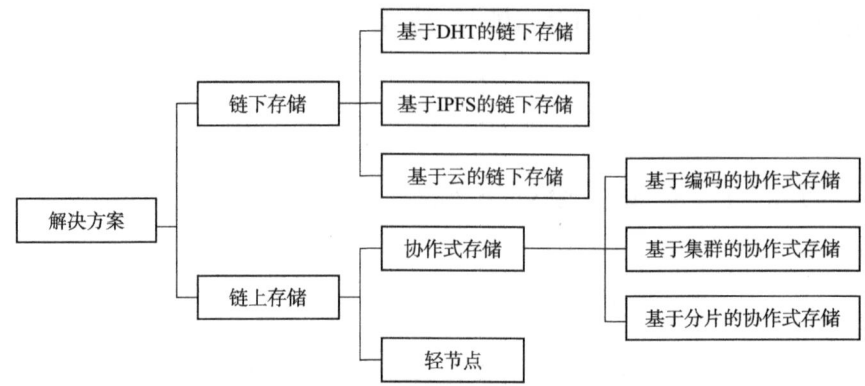

图 5-1　提高区块链存储可扩展性方法分类

2. 链上存储

链上存储扩展是通过改变区块链存储设计，优化区块数据结构和存储管理方式，使区块数据仍然存储在区块链上，不需要外部的数据存储系统。链上存储扩展在一定程度上降低了节点的存储空间需求，但当从其他节点请求区块数据时，增加了数据获取时长及网络中的数据传输负载。

因此，数据存储可扩展性研究，一方面是要减小各节点数据存储的压力，另一方面是要保证节点在需要区块数据时，能够及时获取到数据。数据存储可扩展性研究主要包括：数据存储管理性能、数据存储可靠性、数据存储安全性等。

随着区块链技术的广泛应用，区块链数据存储扩展问题日益突出。以最常用的区块链系统比特币区块链和以太坊为例，截至 2021 年 3 月 31 日，比特币区块链产生的区块高度为 677 121，数据量为 391GB；以太坊的区块高度为 12 146 201，数据量为 656GB，并且还在加速增长中。根据区块历史数据进行估算，预计在未来数年内，以太坊区块链数据大小将达到1TB。Bitcoin Unlimited团队一直在研究和测试1GB的区块大小，BCH的支持者利用专业的资源研究TB级的区块大小。为了改进区块链数据存储的扩展性，很多创新的方案被提出，主要分为链下存储扩展与链上存储扩展两大类。

如前所述，链下存储扩展是将区块部分数据从原有区块转移到链下的数据存储系统，区块中仅保存部分主要信息及链下存储的位置等，从而尽可能减少存储到区块链上的数据。主要包括：DHT链下扩展、IPFS存储扩展、云存储扩展等。格雷格·斯列帕克等人提出一种可以拓宽共识定义的链下解决方案，节点不需要存储每一笔交易，仅需跟踪特殊情况下某些被请求的交易。[1] 约瑟夫·蓬等人提出利用闪电网络来提升交易速度，通过创建一个所有参与者的安全网络，能够借助双向支付通道以大容量、高速处理交易。[2] 德克尔·克里斯坦等人提出采用微支付通道为基于比特币的数字支付提供近乎无限的可扩展性，并通过支付服务提供商的网络在更高级别处理实际的转账。[3] 康拉德·伯克特等人提出一个新的在区块链与支付通道之间的层，通过启用无信任的区块链外部通道资金解决可扩展性问题。[4] 超级账本采用通道解决方案实现多链数据隔离，并保护用户数据隐私。楔入式侧链技术让比特币和其他账本资产在多个区块链之间交易。链下存储扩展方案很大程度上减轻了节点的数据存储压力，但一般都需要借助外部的数据存储系统，可能会增加主链的复杂度。链下数据更难让公

---

[1] SLEPAK G, PETROVA A. The DCS Theorem[EB/OL].[2024-01-20]. https://arxiv.org/abs/1801.04335.

[2] POON J, DRYJA T. The Bitcoin Lightning Network: Scalable Off-Chain Instant Payments[EB/OL].[2024-01-20]. https://lightning.network/lightning-network-paper.pdf.

[3] CHRISTIAN D. On the Scalability and Security of Bitcoin[C]. CreateSpace Independent Publishing Platform, 2016: 1861-1862.

[4] BURCHERT C, DECKER C, WATTENHOFER R. Scalable Funding of Bitcoin Micropayment Channel Networks[J]. Royal Society Open Science, 2018, 5(8): 180089.

众验证，这可能导致数据透明度和规范性降低，同时也增加了从外部存储系统获取数据的通信时长。

链上存储扩展是通过改变区块链存储设计，优化区块数据结构和数据存储管理方式等，链上存储扩展方案中区块数据仍然存储在区块链上，不需要引入外部的数据存储系统。轻节点是一种典型的链上扩展方案，采用SPV（Simple Payment Verification）协议，节点仅需保存区块头数据即可实现交易的发送和验证。在此协议的基础上，节点可以存储一部分常用及较新的区块数据，即处于轻节点与全节点之间的一种部分数据存储状态。谢哈尔·巴诺等人提出了区块链的链上扩展的关键方法概述，包括集体领导、分片及并行区块链扩展等。[1] 代明军等人提出一种基于网络编码的分布式存储框架，可以对接收到的数据进行编码融合。[2] 维塔利克·布特林提出了以太坊分片机制提案规范，它是一种引入链上状态分区并获得更高吞吐量的解决方案。[3] 链上存储扩展在将区块数据仍然存储在区块链的前提下，降低了节点的存储空间需求，保证数据存储的可靠性、安全性，但同样存在"以时间换取空间"问题，当从其他节点请求区块数据时，增加了数据获取时长及网络中数据传输负载。

此外，还有一些与区块链数据存储扩展相关的其他区块链项目。胡安·贝内特团队提出了 IPFS，它是一种利用内容寻址超链接提供高吞吐量的内容寻址区块存储模型。[4] Sia 系统使用智能合约让网络中的节点彼

---

[1] BANO S, AL-BASSAM M, DANEZIS G. The Road to Scalable Blockchain Designs [J]. USENIX Login, 2017, 42(4): 31-36.

[2] DAI M J, ZHANG S L, WANG H, et al. A Low Storage Room Requirement Framework for Distributed Ledger in Blockchain [J]. IEEE Access, 2018 (6): 22970-22975.

[3] BUTERIN V. Sharding Document [EB/OL]. [2024-01-20]. https://github.com/ethereum/sharding/blob/develop/docs/doc.md.

[4] BENET J. IPFS-Content Addressed, Versioned, P2P File System (DRAFT 3) [EB/OL]. [2024-02-08]. https://arxiv.org/abs/1407.3561.

此租用存储空间。Storj 系统根据标准大小将数据分成若干个加密片段，并将这些片段存储在不同的节点上，以保证数据的安全性。这些研究的主要目标是文件数据的存储，而不是解决区块链本身的区块数据存储。

5.2.2 存储扩展分析

区块链数据存储扩展研究的核心是既要减小节点的数据存储压力，又要保证节点在需要区块数据时，能够快速而准确地获取数据。通过对区块链数据存储扩展研究现状的调研，存储扩展研究主要面临以下挑战。

1. 数据存储管理性能

数据存储管理性能主要指标包括数据获取时长、传输数据量等，在解决区块链数据存储扩展的同时，需要考虑增加的网络通信成本，在节点存储压力与网络通信成本之间达到平衡，尽可能以较小的网络通信成本获得较大的节点存储扩展性。另外，节点存储区块数据量大小、存储哪些区块数据等都是需要考虑的问题。

2. 数据存储可靠性

区块链网络中的每个全节点一般都存储了完整的区块数据，从而保证了区块数据存储的可靠性，以维护区块链系统的稳定运行。链下存储扩展方案中的外部数据存储系统存在离线或丢失数据的可能性，降低了区块链数据存储的可靠性。从外部数据存储系统或其他邻节点获取区块数据时，需要对区块数据进行验证，以保证数据的正确性。

3. 数据存储安全性

区块链的存储扩展增加了区块数据伪造、多个存储节点合谋等攻击风险；链下存储扩展方案中，外部数据存储系统降低了区块链的去中心化程度，其存储系统自身的安全性也增加了一个被攻击维度；另外，需要解决节点请求数据时的通信安全、恶意存储节点等问题。

数据存储扩展方案中，由于节点未存储完整的区块数据，在区块链功能方面可能会受到一定的限制。例如，共识节点一般需要经常查询历史区块数据来验证交易数据，节点若未存储完整区块数据则无法满足快速验证等性能要求。链下存储扩展方案是将部分数据的存储转移到另一个外部数据存储系统中，链上存储扩展方案无疑增大了区块链 P2P 网络的数据传输压力及获取区块数据的时长，在不同的区块链系统中可综合考虑几种不同方案的优势，并引入数据压缩等技术进一步改进区块数据存储，提升区块链数据存储的可扩展性。

5.3 数据存储扩展模型总体设计

5.3.1 存储扩展模型

在区块链系统中，DHT 一般被应用于资源的分布式查询定位服务，每个资源存储索引被表示成一个〈Key, Value〉键值对：Key 是资源唯一标识，一般为资源信息（包括资源名称、创建时间、创建人等）的哈希值；Value 是实际存储资源节点信息，包括 IP 地址、端口号等。所有资源的存储索引键值对组成了一张更大的资源存储索引哈希表，将资源存储索引哈希表分割成多个小块，分布存储在 P2P 网络中的各节点，每个节点维护资源存储索引哈希表的一部分。节点查询资源时，只需输入目标资源的 Key 值，区块链系统将查询内容路由到相应节点（该节点维护的资源存储索引哈希表中含有所要查询的键值对），即可从资源存储索引哈希表中获取到所有存储了该资源的节点地址列表。

VBG 模型将多个具有连续高度的区块形成一个虚拟区块组，并将虚拟区块组视为一种数据资源，仅需存储在部分节点，虚拟区块组哈希值与所存储的节点 ID 列表组成一个〈Key, Value〉键值对。所有的虚拟区块组存储索引键值对组成了整个区块链系统的虚拟区块组存储索引哈希表，将该哈希表分割成多个小块，并分布存储到 P2P 网络中所有节点。节点需要查询虚拟区块组、区块或交易时，将目标查询内容路由到包含了所要查询虚拟区块组键值对的节点，从虚拟区块组〈Key, Value〉键值对中获取存储了该虚拟区块组的节点地址列表，向列表中的节点请求数据即可获取所要查询的目标内容。

区块链数据存储扩展模型包括 VBG 元数据（虚拟区块组元数据）、VBG 默克尔树（虚拟区块组区块默克尔树）、区块数据、DHT-VBG（虚拟区块组存储索引哈希表），数据存储扩展模型如图 5-2 所示。

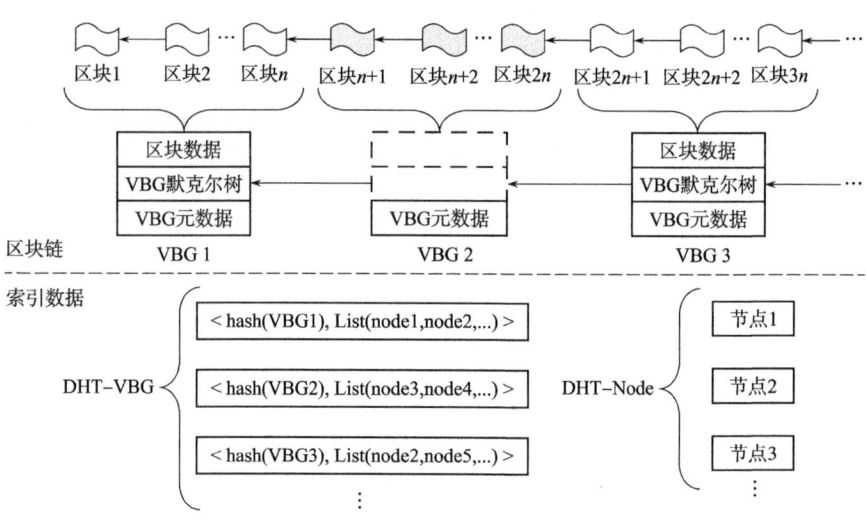

图 5-2　数据存储扩展模型

该模型的核心思想是将区块链中连续的 n 个区块视为一个虚拟区块

组,将虚拟区块组存储的数据视为一种资源,虚拟区块组存储的数据可在 P2P 网络中各节点间进行共享访问,节点无须存储区块链系统中所有区块数据。图 5-2 中虚拟区块组 VBG 2 未存储完整的区块数据,仅保存了虚拟区块组元数据信息。

DHT-Node 是区块链系统中表示 P2P 网络邻节点的分布式哈希表,邻节点数表示为 $N_{neighborNode}$。参照 DHT-Node 的设计,VBG 数据存储扩展模型引入 DHT-VBG 哈希表,用于维护所有虚拟区块组存储索引键值对。

5.3.2 存储扩展结构

VBG 模型将多个连续区块合并为一个 VBG,每个节点不需要存储所有区块数据,数据存储扩展结构设计如图 5-3 所示。用户提交交易数据,矿工接收交易数据并打包多笔交易以形成一个新的区块;当区块高度达到区块链系统中预先配置的阈值时,矿工将多个连续的区块组合为一个 VBG;数据存储提供商提供磁盘空间来存储部分区块数据;每个存储审计节点对 VBG 区块数据存储进行验证和审计,并将审计结果提交给矿工。

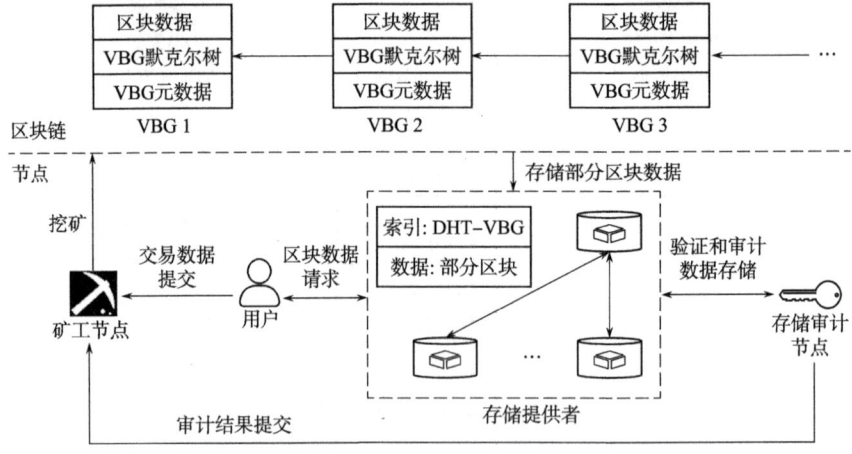

图 5-3 数据存储扩展结构

在数据存储扩展结构设计过程中,主要有以下几个难点和挑战:VBG 的定义、VBG 存储的验证和审计、区块数据的查询效率等,将分别在 5.4.1、5.5.3 和 5.5.2 节中进行详细描述。

5.4 模型定义

5.4.1 虚拟区块组

将区块链中的所有区块按照区块高度值分成若干个虚拟区块组,部分虚拟区块组存储完整的区块数据(称为全数据 VBG),另一部分虚拟区块组不存储区块数据,仅保存虚拟区块组的元数据信息(称为简易数据 VBG),节点在查询本地未存储的区块数据时,可方便快捷地从邻节点获取到数据。

参考比特币区块链的区块数据结构设计,VBG 元数据的数据结构见表 5-1。

表 5-1 VBG 元数据的数据结构

数据项	字节数/B	描述
VBG ID	32	VBG 唯一标识,为 VBG 元数据的哈希值
Version	4	VBG 版本号
VBG Number	4	与区块高度类似,从 1 开始按顺序增加
Block Start Height	4	VBG 起始区块高度值
Block End Height	4	VBG 结束区块高度值
VBG Size	4	VBG 包含的所有区块数据大小之和
Timestamp	4	时间戳
VBG Merkle Root	32	VBG 中各区块哈希的默克尔树根

为了保证 P2P 网络中区块数据存储的稳定性和可靠性，各 VBG 存储的备份数 $N_{copyVBG}$ 应尽可能保持一致，且 $N_{copyVBG} \geq 3$。由于区块链系统产生的最新区块具有不稳定性，网络中的所有节点都应存储最新区块，这些区块的最大数量为 $2n-1$，其中 n 为每个 VBG 中包含的区块数。当这些新区块的数量为 $2n$ 时，最早的 n 个区块将形成一个新的 VBG。一个 VBG 的数据量大小 S_{VBG} 是每个节点存储区块数据的最小值，为区块链系统中配置的 VBG 包含的各区块的数据量之和。

5.4.2　虚拟区块组存储索引哈希表

虚拟区块组在节点的存储索引表示为〈Key, Value〉键值对的形式，Key 为 VBG 的唯一标识，即 VBG ID，其长度位数、作用与节点 ID 类似；Value 为存储该虚拟区块组的节点 ID 列表。所有的虚拟区块组存储索引键值对组成整个区块链系统的虚拟区块组存储索引哈希表，可以从虚拟区块组存储索引哈希表中查找出存储虚拟区块组的节点 ID 列表。

整个区块链系统的虚拟区块组索引哈希表很大，不利于单个节点的维护。将虚拟区块组存储索引哈希表分割成多个小块，并分布存储到 P2P 网络中所有节点，即为 DHT-VBG。

在 P2P 网络协议中，查询定位资源可采用 Chord 算法。Chord Ring 是将节点 ID 和资源 Key 值按顺时针由小到大分配到一个大小为 2^m 的环上，用于资源存储分配与定位，m 为节点 ID 和资源 Key 值的长度位数。根据算法，各节点都维护一个最多有 m 项的路由表，用于快速定位资源，资源存储到节点 ID 大于资源 Key 值的下一个节点上，即环上从资源 Key 值起顺时针方向的第一个节点（后继节点）。

当节点查找资源时，首先判断该节点的后继节点是否持有该资源，若不持有，则从该节点路由表中由远到近查找离持有资源最近的一个节点，如此迭代下去。根据 Chord 算法，VBG 存储索引的查询时间复杂度为 $O(\log 2^m)$，Chord 算法实例如图 5-4 所示。

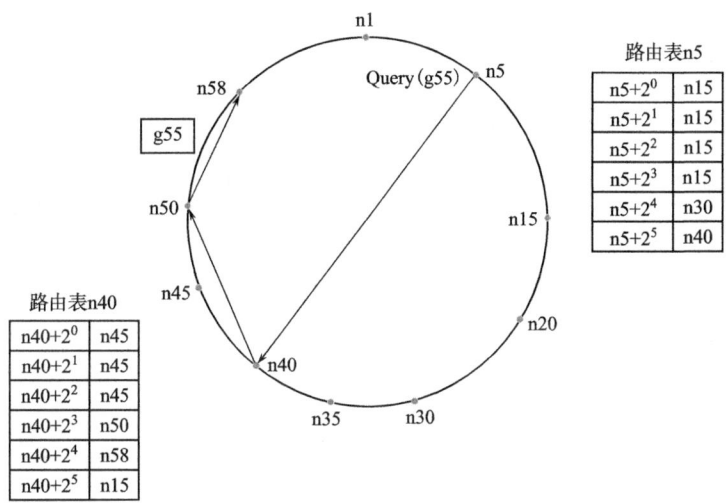

图 5-4 Chord 算法实例

图 5-4 中构造了一个 $m=6$ 的环，假设有 10 个节点，5 个 VBG 资源，n5 节点要查询 g55 的 VBG，步骤如下：

① n5 节点查找后继节点 n15，g55 不在（5,15］范围内，说明 n15 节点不持有资源 g55，则在 n5 节点的路由表中，由远到近查找。

② n5 节点的路由表中最远的一项为〈$n5+2^5$, n40〉满足 $40 \in (5, 55]$，说明 n40 节点离持有资源 g55 的节点最近。则跳到 n40 节点上继续查找，n40 节点的后继节点为 n45 节点，g55 不在（40,45］范围内，说明 n45 节点不持有资源 g55，则在 n40 节点的路由表上由远到近查找。

③ 在 n40 节点的路由表中由远到近查找，发现〈$n40+2^3$, n50〉满足 $50 \in (40, 55]$，说明 n50 节点离持有资源 g55 的节点最近，则跳到 n50 节点上继续查找。

④ n50 节点的后继节点为 n58 节点，g55 在（50,58］范围内，说明

n58 节点持有资源 g55，至此，查询完成。

5.4.3　区块存储备份数

VBG 模型尽可能保持每个区块的存储备份数都比较接近，新加入的节点和有空闲磁盘空间的节点将优先存储 P2P 网络中备份数较少的 VBG，下一个新加入的节点将重新选择备份数较少的 VBG 进行存储，以此类推。在 P2P 网络中，为了保持区块数据存储的稳定性和可靠性，需要不断地进行迭代。假设有 3 个节点存储 3 个 VBG，另外 2 个新节点加入 P2P 网络，VBG 存储实例见表 5-2。

表 5-2　VBG 存储实例

节点	VBG 1	VBG 2	VBG 3
节点 1	已存储该区块	已存储该区块	已存储该区块
节点 2	未存储该区块	已存储该区块	已存储该区块
节点 3	未存储该区块	未存储该区块	已存储该区块
节点 n1	将存储该区块	将不存储该区块	将不存储该区块
节点 n2	将存储该区块	将存储该区块	将不存储该区块

在节点 n1 和节点 n2 加入 P2P 网络之前，VBG 1 在 DHT-VBG 全数据 VBG 中存储备份数最小，当新节点 n1 加入 P2P 网络时，它将存储 VBG 1 的所有区块数据，因此节点 n1 被添加到 VBG 1 存储索引的〈Key, Value〉键值对中，DHT-VBG 中全数据 VBG 备份数最小的 VBG 不再是 VBG 1 而是 VBG 1 和 VBG 2。当新节点 n2 加入 P2P 网络时，它将存储 VBG 1 和 VBG 2 的所有区块数据，依次不断迭代，使 P2P 网络中的所有区块的存储备份数趋近于相同或接近。

5.4.4 虚拟区块组默克尔树

模型中,将区块的哈希值作为叶节点,通过叶节点两两哈希计算,计算出的哈希值作为新的上级树的节点,不断重复该过程,直到最终仅有一个节点,即为 VBG 默克尔树根。参考区块链系统中交易默克尔树的设计,VBG 默克尔树如图 5-5 所示。

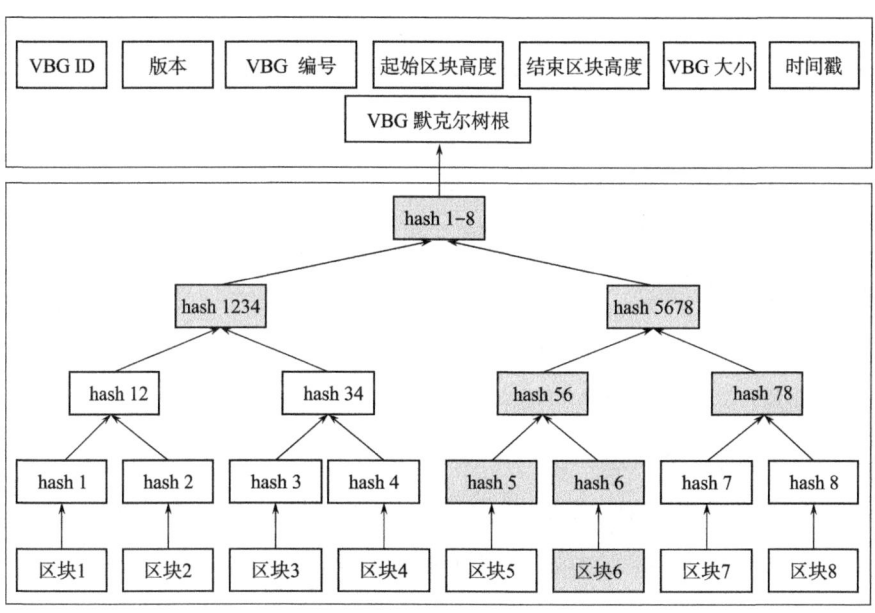

图 5-5 VBG 默克尔树

仅存储 VBG 元数据的节点不存储区块数据和 VBG 默克尔树,VBG 的区块验证与 SPV 验证类似,在 n 个区块组成的 VBG 中,确认任一区块只需要进行 $\log_2 n$ 次的哈希计算。

在图 5-5 中,验证区块 6 时,未存储区块数据的节点向邻节点请求哈希集合,包括从区块 6 哈希值沿默克尔树上溯至 VBG 默克尔树根处的哈希集合,即节点 hash6,hash5,hash56,hash78,hash5678,hash1234, hash1-8，这些节点集合称为"认证路径"，以此可确定区块的存在性和正确性。

5.5 模型构建

5.5.1 节点加入网络

新节点加入区块链 P2P 网络时，首先向初始启动节点或上次连接的节点发送消息，节点接收到来自其他节点的消息时，消息接收节点的邻节点会被更新，从而将新的距离较近节点加入 DHT-Node 中。

数据存储扩展模型尽可能保证 VBG 存储备份数趋近于相同或相近。根据 5.4.3 节的描述，当新节点加入区块链 P2P 网络时，存储备份数最小的 VBG 将优先被新加入节点存储，从而不断更新 VBG 存储备份数，以保持网络中区块数据存储的稳定可靠。

详细步骤如下所述。

① 更新节点 DHT-Node。节点加入区块链 P2P 网络时，通过在网络中广播消息，接收到消息的节点根据异或算法计算与新节点间的距离，不断将新的距离较近节点加入到本节点的 DHT-Node 中。

② 获取新加入节点 VBG 存储索引哈希表。区块链 P2P 网络中，每个节点维护了本节点的 VBG 存储索引哈希表，节点向新加入节点发送 get_VBGIndex 消息，以获取新加入节点的 VBG 存储索引哈希表；节点接收到新节点的 VBG 存储索引哈希表时，对 VBG 存储数据进行验证，验证不通过时，新节点及 VBG 存储索引哈希表不加入 DHT-VBG。

③ 更新 P2P 网络的 DHT-VBG。对 VBG 存储数据验证通过的节点，根据其返回的 VBG 存储索引哈希表，依次循环节点存储的区块数据 VBG，

将新节点 ID 加入对应 VBG 存储索引哈希表的键值对中,完成对 P2P 网络 DHT-VBG 的更新。

5.5.2 数据存储与查询

节点根据其能提供数据存储的磁盘空间大小来存储 VBG 区块数据,区块链系统中配置的每个节点必须存储区块数据大小的最小值,以防止 P2P 网络中出现所有节点都不存储 VBG 区块数据的极端情况。

新节点加入 P2P 网络时,需要更新节点的 VBG 区块数据存储,若节点未存储任何区块数据,或存储区块数据未达到配置的必须存储的区块数据大小的最小值时,则向邻节点请求存储备份数最小的 VBG,对下载的区块数据验证通过后,保存到节点本地,并更新 P2P 网络的 DHT-VBG;若节点存储的区块数据达到了配置的必须存储的区块数据大小的最小值,则直接更新 P2P 网络的 DHT-VBG。节点存储的区块数据在以下三种情况下会发生变化。

① 节点首次加入区块链网络时,DHT-VBG 中存储备份数最小的 VBG 将被新加入节点下载、验证并存储,直到节点存储的区块数据大小达到区块链系统中配置的必须存储的区块数据大小的最小值。

② 根据 5.5.3 节中描述,区块链系统对节点的区块数据存储执行定时审计,审计时,当 DHT-VBG 中 VBG 存储备份数比区块链系统中配置的存储备份数小时,其 VBG 区块数据将被备份到其他存储节点。根据 5.5.4 节中描述,越来越多的节点将提供磁盘存储空间,并尽可能保持在线,以便获取更多的存储收益。

③ 当新的 VBG 产生时,节点将根据设置的用于存储 VBG 的磁盘空间大小决定是否存储新 VBG 的区块数据。

数据存储扩展模型中，由于节点仅存储部分区块数据，节点请求本节点未存储的区块数据时，需要首先查询 DHT-VBG，以获取存储了被查询区块数据的节点列表，再从距离较近节点获取被查询区块数据，详细步骤如下所述。

① 根据所要查询的区块信息，查询本地 VBG 存储索引哈希表，若本节点已存储，则直接从本节点获取所要查询的区块数据。

② 若本节点未存储所要查询的区块数据，则采用 5.4.2 节中描述的 Chord 算法，从 DHT-VBG 存储索引哈希表中获取 VBG 数据存储的节点列表。

③ 从 VBG 数据存储的节点列表中，找出距离本节点较近的节点，并向距离较近节点请求区块数据。

5.5.3　数据验证与存储审计

节点查询本节点未存储的区块数据时，需要向其他邻节点请求数据，并验证获取到的区块数据的正确性。首先需要验证区块头中的区块哈希值与区块数据的哈希值是否一致；其次根据 5.4.4 节中描述的 VBG 默克尔树，获取区块认证路径的所有哈希值集合，依次验证，直到 VBG 默克尔树根被验证通过。

节点宣称存储了部分 VBG 区块数据，区块链系统定时通过执行哈希计算进行审计，以确保节点存储的区块数据没有丢失或被有意删除。每个存储节点审计其存储区块数据的上一个 VBG 的区块数据（VBG 1 的上一个 VBG 是 VBG k）。例如：一个节点存储了 VBG 1、VBG 5 和 VBG k 的区块数据，则该节点应该验证 VBG k、VBG 4 和 VBG $k-1$ 的区块数据。审计节点将需要验证的 VBG 编号作为参数传输给被审计的节点（为了减少数据请求及计算的次数，可以随机抽取 n 个 VBG 进行验证），被验证节点根据具体参数返回本节点存储的区块数据，审计节点根据 VBG 默克尔树验证区块数据的正确性。由于每个存储节点都要参与对其他存储节点的审计，因此将有多个节点对 VBG 区块数据存储进行审计，超过 50% 的审计结果作为最终的 VBG 区块数据存储的审计结果，并写入审计结果池当中，可以有效防止部分审计节点离线或作弊行为。VBG 区块数据存储审计详细过程如算法 5-1 所示。

算法 5-1：VBG 存储审计

输入：groupNo：　被审计的 VBG 编号

输出：result：　　审计结果

// 根据 VBG 编号获取存储索引键值对

1:　pairGroup ← GetDHT-VBG(groupNo)

2:　hashGroup ← pairGroup.Key

3:　lstNode ← pairGroup.Value

4:　for nodeItem in lstNode do

5:　　blockNos ← getRandomBlockNos(START_HEIGHT, END_HEIGHT)

// 获取 VBG 特定区块数据

6:　　dataGroupTmp ← GetGroupData(nodeItem, hashGroup, blockNos)

// 验证 VBG 区块数据

7:　　isValid ← Verify(dataGroupTmp, hashGroup, blockNos)

8:　　SubmitVerify(isValid, hashGroup)

// 获取其他节点的 VBG 验证结果

9:      lstVerify ← GetLstVerify(hashGroup)

// 当验证结果数量比区块链系统配置的最小验证节点数大时

10:     if lstVerify.Count >= MIN_VERIFY_NODE then

11:         countVerifySuccess ← GetTrueCount(lstVerify)

12:         if countVerifySuccess * 2 < lstVerify.Count then

13:             RemoveDHT-VBGNode(groupNo,nodeItem)

14:             lstNode.Remove(nodeItem)

15:         end if

16:     end if

17: end for

18: if lstNode.Count < CountVBGCopy then

// 获取本地的 DHT 节点列表

19:     lstDHTNode ← GetDHT-NodeList()

// 根据节点距离排序

20:     lstNodeTmp ← lstDHTNode.Sort()

21:     i ← 0

22:     for nodeItem in lstNodeTmp do

// 将 VBG 区块数据保存到相邻节点

23:         SaveGroup(hashGroup,nodeItem)

24:         i ← i + 1

25:         if i >= CountVBGCopy-lstNode.Count then

26:             break

27:         end if

28:     end for

```
29:    end if
30:    return true
```

审计时，若发现节点未存储 VBG 区块数据或节点不可访问，则从存储索引键值对中删除该节点，同时判断存储索引键值对中的存储节点数是否小于配置的临界值，若小于临界值则发起 VBG 区块数据备份过程，把 VBG 区块数据备份存储到新的存储节点中。因此，P2P 网络在每次审计之后，能够确保区块数据存储的安全可靠性。该算法循环被审计 VBG 的 m 个存储节点，同时循环审计 n 个未存储 VBG 的节点，将 VBG 区块数据保存到这些节点，其时间复杂度为 $O(m+n)$。

5.5.4　存储证明与激励

区块链系统通过共识机制将交易打包，形成区块并存储到区块链。当区块高度达到系统配置值时，挖矿节点将多个连续区块组成新的 VBG。VBG 不改变原有的已经形成共识的区块，只是将一定数量的连续区块进行合并，形成一个新的 VBG，包括 VBG 元数据及 VBG 默克尔树等。区块构建完成时，其在 VBG 中的区块数据是确定的，节点可以选择继续存储 VBG 中的区块数据或删除其中的区块数据，然后使用与交易打包形成区块相同的共识机制，将 VBG 数据存储到区块链上。

VBG 模型中，区块数据存储节点提供了磁盘存储空间，从而保证了 P2P 网络中区块数据存储的安全性，所以应对区块数据存储节点进行激励。节点存储区块数据，其他节点对其存储区块数据的真实性、在线情况进行审计，在一定时间之内（如以月为单位），审计结果成功次数的百分比达到区块链系统配置标准值（如 90%）时，该节点将获得一定数量的费用，作为给区块数据存储节点的奖励。

由于节点存储 VBG 区块数据后，需要接受其他节点的审计，对于审计节点来说，审计操作是定时的，但对于被审计节点来说，因节点加入网络时间有先有后，接受审计并不是定时的。VBG 区块数据存储节点只有保持一直在线或偶尔离线，才能获取存储收益。区块数据存储节点为了获取更多的收益，会确保尽可能长时间在线，这样有效地保障了区块数据存储的安全性、可靠性。

在一个存储周期内，存储 VBG 区块数据的节点将接受其他节点的审计，同时要完成对其他存储节点的审计才能获取收益。VBG 区块数据存储共识步骤如下。

① 审计结果收集。挖矿节点按照 VBG 区块数据存储节点将审计结果池中的数据进行分组，按照"少数服从多数"原则分析审计结果。

② 审计结果统计。当 VBG 区块数据存储达到一个存储周期时，该周期内审计结果将被统计，检查通过审计的百分比是否达到区块链系统配置的标准值。

③ 审计结果打包。如果 VBG 区块数据存储的审计结果达到了区块链系统配置的标准值，挖矿节点将打包审计结果，并存储到区块链中。

④ 获取收益。挖矿节点能获取到挖矿收益，同时 VBG 区块数据存储节点会收到一定存储周期的区块数据存储收益。

VBG 模型中包含三类不同的数据类型：交易数据、VBG 数据、审计结果数据，不同类型的数据存储到区块链上的具体流程如图 5-6 所示。

根据节点逻辑功能的不同，节点包括挖矿节点、存储节点和审计节点。P2P 网络中节点相互对等，在不同情况下可以成为任一逻辑功能节点，数据存储扩展模型中的共识机制与区块链系统原有的共识机制保持一致。

交易数据通过挖矿节点打包形成新的区块，为了加快交易的验证，所有挖矿节点一般会存储所有的区块数据。随着区块链系统不断产生区块，当区块数量达到区块链系统配置的 VBG 包含区块数量 n 的两倍时，挖矿节点将打包最早产生的 n 个区块形成一个 VBG，并存储到区块链中，而 VBG 区块数据仅需被部分节点存储。审计节点对 VBG 区块数据存储节点执行定时审计，挖矿节点打包审计结果，数据存储节点能获取到 VBG 区块数据存储收益。

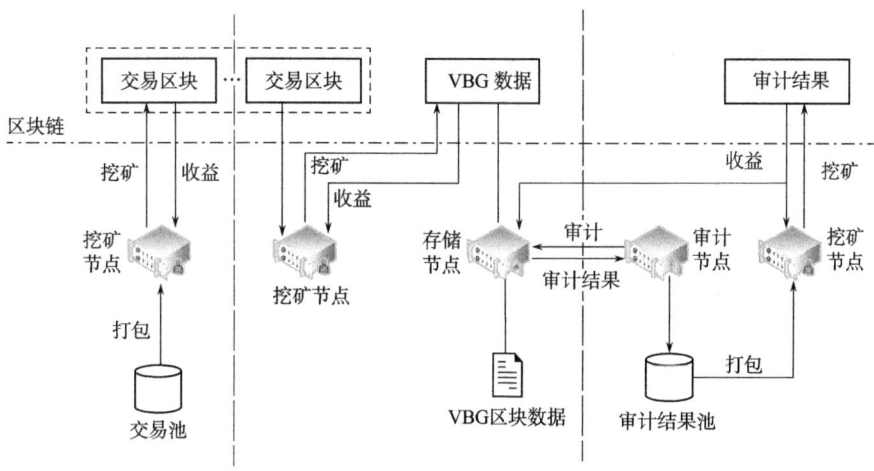

图 5-6　数据存储流程

5.6　实验分析

本部分实现 VBG 数据存储扩展模型的原型系统，并分析其扩展性、数据查询效率及安全性，同时将该方案与其他相关的存储扩展方案进行比较，包括侧链、分片等方案。

5.6.1 实验方案

原型系统采用 PoW 共识协议打包交易形成区块及打包区块形成 VBG，采用 System.Security.Cryptography 类库生成公私钥对，实现加密解密、签名及验证；采用 SHA-256 作为哈希计算函数，节点的邻节点采用 Kad 算法进行管理，该算法被广泛应用于结构化 P2P 网络中，以太坊等很多区块链项目都采用了 Kad 算法。VBG 模型的原型系统中使用的一些参数见表 5-3。

表 5-3　原型系统参数

参数	值	描述
$S_{maxOfBlock}$	1MB	区块的最大大小
$N_{blockInVBG}$	1 024	VBG 包含的区块数量
$N_{copyVBG}$	30	VBG 存储备份数
$N_{neighborNode}$	64	邻节点最大数
N_{minVBG}	1	节点存储 VBG 的最小数量

原型系统实现过程中，以比特币 1MB 的区块大小为例，每个节点至少存储一个 VBG，每个 VBG 包含 1 024 个区块，这样至少需要 1GB 的磁盘存储空间。

5.6.2 存储扩展

VBG 数据存储扩展模型改变了区块数据存储的设计，节点只需存储部分区块数据，节点存储的区块数据大小至少为区块链系统配置的一个 VBG 的大小，区块链系统中可配置每个节点必须存储 VBG 数量的最小值。单个节点存储的 VBG 数量 $N_{storageVBG}$ 如式（5-1）所示：

$$N_{\text{storageVBG}} = \frac{N_{\text{VBG}} \times N_{\text{copyVBG}}}{N_{\text{neighborNode}}} \quad (5-1)$$

单个节点存储的 VBG 区块数据大小 $S_{\text{storageVBG}}$ 如式（5-2）所示：

$$S_{\text{storageVBG}} = \frac{S_{\text{BC}} \times N_{\text{copyVBG}}}{N_{\text{neighborNode}}} \quad (5-2)$$

其中，N_{VBG} 为区块链系统中 VBG 数量，其大小随着区块链系统的应用不断增大；VBG 存储备份数 N_{copyVBG} 越大区块数据存储越可靠，为了节省节点的磁盘空间，可随着区块的不断增多而减小，其最小值为 3，即在区块链网络中，每个 VBG 至少有 3 个备份，以保障 VBG 存储的可靠性；S_{BC} 为区块链中所有区块数据的总数据量大小；节点的邻接点数 $N_{\text{neighborNode}}$ 越大，分布到节点存储的 VBG 数量就越小。

VBG 数据存储扩展模型不但适用于传统区块链，也适用于侧链、分片等扩展方案中，因此仅比较采用 VBG 模型与不采用 VBG 模型时节点存储区块数据量大小的变化情况。根据实验中参数，VBG 存储备份数 N_{copyVBG} 为 30，邻节点数 $N_{\text{neighborNode}}$ 为 64 时，则节点存储区块的数据量减少到原来的 46.88%，存储扩展分析如图 5-7 所示。

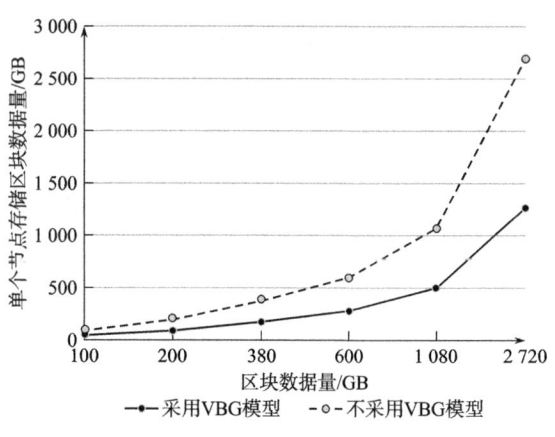

图 5-7 存储扩展比较

从图中可以看出，VBG 数据存储扩展模型为节点节省了大量磁盘空间。随着区块数据量的增加,该模型的存储扩展优势更加显著。

根据 5.5.4 节中描述,VBG 模型不改变区块链系统原有的共识机制,因此可进一步将链下存储扩展等解决方案引入该模型中,可相结合的存储扩展方案如下。

① 采用一种安全、高速的网络,如闪电网络,将进一步提高区块链系统的交易数据大小和交易速度。

② 通过不存储每一笔交易来减小区块的大小,当用户请求本节点未存储的交易时,可向邻节点请求交易数据。

③ 引入侧链方案,将详细的交易数据存储到侧链中,并将重要及概要数据存储到主链中。

5.6.3 数据查询效率

节点存储全网所有区块数据的区块链系统,节点可直接从本地查询区块数据。VBG 模型中节点查询本地未存储的区块数据时,首先向邻接点查询 VBG 存储节点列表,时间表示为 T_1;再向 VBG 存储节点请求区块数据,其时间为 T_2;获取到区块数据时,需要验证区块数据,其时间为 T_3。查询区块数据总时间 T 如式(5-3)所示:

$$T = T_1 + T_2 + T_3 \qquad (5\text{-}3)$$

根据 5.4.2 节的描述,T_1 的时间复杂度为 $O(\log 2^m)$,其中,2^m 为邻节点数最大值;时间 T_1 的大小是可忽略的;根据 5.4.4 节的描述,T_3 的时间复杂度为 $O(\log_2 n)$,其中 n 为 VBG 中包含的区块数,T_3 的大小几乎不影响分析结果;在区块数据大小一定的前提下,T_2 与节点间的网络带宽相关,带宽越大,T_2 越小,T_2 大小如式(5-4)所示:

$$T_2 = \frac{S_{\text{dataLength}}}{2.5} \qquad (5\text{-}4)$$

其中，$S_{\text{dataLength}}$ 为区块数据大小，假设平均网络带宽为 20Mbps，即每秒传输的数据量为 2.5MB，则该模型的平均传输时长如图 5-8 所示。

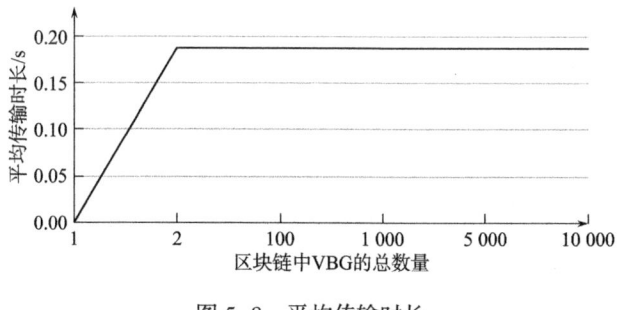

图 5-8 平均传输时长

根据图 5-8，当区块链中仅一个 VBG 时，由于每个节点至少存储一个 VBG，因此每个节点都存储了该 VBG，节点可以直接从本地获取区块数据，获取区块数据的传输时长为 0。

单个节点存储 VBG 的比例 $R_{\text{storageVBG}}$ 如式（5-5）所示：

$$R_{\text{storageVBG}} = \frac{N_{\text{storageVBG}}}{N_{\text{VBG}}} = \frac{N_{\text{copyVBG}}}{N_{\text{neighborNode}}} \quad (5-5)$$

根据 VBG 模型原型系统的设计，传输 1MB 大小的区块数据大约需要 0.40s，则 $R_{\text{storageVBG}}$ 为 0.47，平均传输时长为 0.19s。存储部分区块数据的 VBG 存储节点可直接请求到本地存储的部分区块数据，不会带来任何网络负载。当节点请求一笔交易而不是整个区块数据时，节点不需要传输整个区块数据，仅需要传输一笔交易数据，传输时间仅 0.2ms，是可忽略的。

以以太坊为例，高度为 8 737 823 的区块大小为 21 832 字节，请求区块数据的总时间 T 为 0.01s。在比特币区块链网络中，传输 1MB 大小的区块大约需要 0.40s，平均传输时间小于 0.20s。VBG 模型为了节省节点磁盘空间大小，增加了获取区块数据的时间，但增加的时间基本可以忽略。

5.6.4 安全性分析

区块链系统中，安全性尤为重要，VBG 模型中区块数据存储容易遭受多种不同的攻击，本书列举了几种不同的攻击维度及其解决方案。

1. 拒绝服务攻击

在 P2P 网络中，存储同一 VBG 的所有节点都拒绝服务或离线时，访问该 VBG 将会失败。单个节点离线的概率为 $R_{\text{peerOffline}}$，其范围为 (0, 1)，访问 VBG 失败的概率为 $R_{\text{fileFailure}}$，其理论值如式（5-6）所示：

$$R_{\text{fileFailure}} = \frac{(R_{\text{peerOffline}})^{N_{\text{copyVBG}}}}{\binom{N_{\text{neighborNode}}}{N_{\text{copyVBG}}}} \tag{5-6}$$

其中，$\binom{N_{\text{neighborNode}}}{N_{\text{copyVBG}}}$ 表示从 DHT - Node 的 $N_{\text{neighborNode}}$ 个节点中取出 N_{copyVBG} 个节点的不同取法；$(R_{\text{peerOffline}})^{N_{\text{copyVBG}}}$ 表示 N_{copyVBG} 个存储区块数据节点同时离线的概率，VBG 访问失败概率见表 5-4。

表 5-4　VBG 访问失败概率

$N_{\text{neighborNode}}$/个	N_{copyVBG}/个	$R_{\text{peerOffline}}$	$R_{\text{fileFailure}}$
30	3	0.5	3.079e-5
30	3	0.4	1.576e-5
60	3	0.3	7.890e-7
60	3	0.1	2.922e-8
30	6	0.5	2.631e-8
30	6	0.4	6.898e-9
60	6	0.3	1.456e-11
60	6	0.1	1.997e-14

由表 5-4 可知，VBG 访问失败的概率非常小；每个节点离线的概率越低，访问 VBG 失败的概率也越低；VBG 的备份数越大，访问 VBG 失败的概率也越低。

2. 伪造 VBG 数据

当节点请求本地未存储的区块数据时，邻节点可能发送错误或伪造的区块数据。根据 5.5.3 节的描述，节点接收到区块数据时，将验证区块数据。区块数据验证失败时，节点将从邻节点中删除发送错误数据的节点，并从其他节点获取正确的区块数据。

3. DDoS 攻击

针对 VBG 模型的 DDoS 攻击是指发起大量获取某一 VBG 区块数据请求而进行的网络攻击。一方面，节点身份 ID 是随机的，攻击节点会被分散到不同的网络路由中，攻击者无法保证攻击节点在同一个网络路由。另一方面，根据 5.5.2 节的描述，由于采用了区块数据存储激励机制，存储 VBG 区块数据的节点有很多，最少 3 个，获取某一 VBG 的请求会被分发到不同的区块存储节点。已经存在一些机制被应用于防御 DDos 攻击，如在以太坊网络中，在一定的时间范围内，节点只会响应其他节点的一次请求；被识别的恶意节点将被加入黑名单。另外，一些技术正在被引入协议层，发起请求时需要进行少量的 PoW 运算，增大了 DDoS 攻击的难度，该技术已应用于 Nano（RaiBlocks）数字货币当中。另外一种可选方案是在请求数据时，采用类似闪电网络（Lightning Network）或雷电网络（Raiden Network）的微支付通道，只需支付少量的费用。该方案能够增加 DDoS 攻击的成本，但对正常节点的影响可以忽略不计。

4. Sybil 攻击

进行 Sybil 攻击时，攻击节点实际只有一个副本或删除了所有副本，但欺骗其他节点，让其他节点相信其拥有多个区块数据的副本。每个完整的 VBG 数据都由节点的私钥签名，并且是唯一的，因此攻击者无法通过验证，除非存在唯一的存储备份。根据 5.5.3 节的描述，节点加入网络时的身份 ID 是唯一、随机的，不能被伪造，节点的定时审计确保区块数据必须真实被存储，且区块数据备份被分散存储到具有独立 ID 的节点。

5. 长距离攻击

长距离攻击是攻击节点一次重写账本的多个区块。在 PoW 共识协议中，如果节点控制了区块链网络中 51% 以上的算力，就能够对区块链账本进行篡改，但节点一般很难达到 51% 以上的算力。在 PoS 共识协议中，区块链系统不会强烈依赖算力。在 VBG 模型中，只有当区块数量达到区块链系统中配置的 VBG 包含区块数量 n 的两倍时，挖矿节点才会将最早产生的 n 个区块打包形成新的 VBG，该方法有效地减少了长距离攻击的可能性。

6. 大规模协同攻击

大规模协同攻击是指由区块链网络中控制大量计算能力或其他资源的实体共同发起的攻击。根据 5.5.2 节的描述，区块链系统中配置的每个节点必须存储 VBG 数量的最小值，以防止 P2P 网络中出现所有节点都不存储区块数据的极端情况。攻击者无法让其多个节点保存同一个 VBG 的所有备份。即使攻击者让其拥有的所有节点离线或停止服务，但审计功能使存储备份数小于设定存储备份数的 VBG 备份存储到其他存储节点，从而增加了 VBG 的存储备份数。

7. 存储节点与审计节点之间的欺骗、合谋、诽谤攻击

欺骗攻击：每次审计时，审计节点向存储节点请求存储的区块数据，如果存储节点没有存储区块数据，存储节点就不能通过审计节点的验证。

合谋攻击：最终的审计结果是由多个审计节点一起共同决定的，因此单个审计节点与单个存储节点无法进行合谋。

诽谤攻击：存储节点实际存储了区块数据，审计节点提交一个错误的审计结果，由于最终审计结果是由多个审计节点共同决定的，审计节点不能诽谤存储节点。

5.6.5 方案比较

根据 5.6.1 节的实验方案，VBG 数据存储扩展模型实验结果分析见表 5-5。

表 5-5　VBG 模型实验结果分析

指标项	改进大小	前置条件
存储扩展性	46.88%	VBG 存储备份数为 30 份，邻节点数为 64 个
查询效率	0.19s/MB	VBG 存储备份数为 30 份，邻节点数为 64 个，平均网络带宽为 20Mbps
VBG 访问失败概率	<3.079e-5	VBG 存储备份数为 3 份，邻节点数为 30 个，单个节点故障概率 50%
安全性	不影响原系统安全性	—

VBG 数据存储扩展模型在 5.6.1 节实验方案的条件下，节点存储区块的数据量减小到原来的 46.88%，节省了节点存储区块数据的磁盘空间，提升了数据存储扩展性（根据 5.6.2 节的分析内容）；查询数据时，

需要从邻节点请求部分区块数据，传输 1MB 数据的平均时长为 0.19s，增加了获取区块数据的时间，但其影响可以忽略（根据 5.6.3 节的分析内容）；VBG 访问失败的概率非常小，VBG 模型不影响原有系统的安全性（根据 5.6.4 节的分析内容）。

设计 VBG 模型时，充分考虑扩展性、可靠性、安全性、实现的难度和复杂度等，与其他数据存储扩展方案的对比见表 5-6。

表 5-6 VBG 模型与其他方案比较

维度	指标	侧链方案	分片方案	VBG 模型
可靠性	$R_{fileFailure}$	不变	降低	不变
安全性	节点数	降低	降低	不变
实现难度	难度值	高	高	低
复杂度	成本	高	高	低

访问区块链数据失败的概率 $R_{fileFailure}$ 是区块链系统中可靠性的重要指标之一；如果一个方案需要更多的节点数量来支撑区块链的运行，则该方案实际降低了区块系统的安全性。较低的难度表示区块链系统实现更容易；开发及运维成本表明区块链系统的复杂度。

侧链方案采用一个独立的区块链减轻主链的存储压力，但需要更多的节点来维护侧链的运行，因此很难保证其安全性；另外，由于增加了区块链系统的复杂度，实现成本较高。

分片方案是将 P2P 网络划分为多个较小的片段，减少了每个子网络，从而在一定程度上影响了网络的可靠性和安全性。在设计和实现方面，为了防范出现控制分片子网络的攻击，需要确保节点以安全的方式加入分片网络，网络分片、交易分片和状态分片的复杂度都比较高。

VBG 模型方案中定时对 VBG 存储进行验证与审计，数据存储的可靠性与节点存储区块链全数据相比几乎无变化（根据 5.6.4 节的分析内容）。VBG 模型对区块链系统中的节点数无特殊要求，当网络中节点数减少时,由于数据存储备份数是确定的,所以单个节点存储的区块数据比例相对增加,但不影响系统安全性(根据 5.6.2 节的分析内容)。VBG 模型将多个连续区块合并形成 VBG,不改变原有区块链系统的共识机制与网络结构,仅需重用原有共识产生 VBG。原型系统中 VBG 模型实现的相关代码大约 6 000 行,因此复杂度不高,实现难度低(根据 5.3.1 节的内容)。

采用 VBG 模型,不改变原有区块链系统的共识机制、加密算法、区块数据结构等,易于实现,且不改变原有区块链系统的可靠性和安全性。VBG 模型可进一步减少节点请求区块数据时间,如从多个邻节点多线程同时请求 VBG 部分区块数据,并拼接成完整的 VBG 区块数据;使用智能合约完成 VBG 区块数据存储节点的审计工作,从而简化区块数据存储审计功能的设计。

5.7 本章小结

为了降低区块链系统中节点的数据存储压力,本章提出了一种虚拟区块组的数据存储扩展模型,该模型具有以下特点。

① 将多个具有连续高度的区块划分为一个 VBG,VBG 中的区块数据由部分节点存储,每个节点仅需存储部分区块数据。

② 通过区块数据存储的激励机制以及区块数据的存储验证和审计机制,保证区块数据存储的安全性和可靠性。

③ 将区块数据视为一种资源,VBG 存储索引保存到 DHT 中,提高了区块数据的查询效率。

VBG 模型在保证区块数据存储安全可靠的前提下,以较短的区块数据请求时间,在更大程度上节省了节点的磁盘存储空间,提升了区块链数据存储的可扩展性。该模型增加了一定的通信复杂度,存储的可靠性也有所降低,但通过存储验证与审计机制减小了对存储安全可靠的影响。该方案不仅适用于区块数据的扩展性存储,还可应用于需要上传到区块链或分布式存储系统的非区块数据的存储。❶

---

❶ 本章提出的一种虚拟区块组的数据存储扩展模型,可参看笔者论文:Virtual Block Group:A Scalable Blockchain Model with Partial Node Storage and Distributed Hash Table[J]. The Computer Journal,2020,63(10):1524-1536.

第 6 章　网络传输扩展

在区块链系统中，所有节点组建为一个 P2P 网络，节点间的网络传输效率、传输的可靠性、安全性、网络利用率等因素直接影响区块链运行的稳定性和其他性能。

P2P 网络传输存在的问题主要有以下几点：节点可能多次收到不同节点发送的相同数据；数据从一个节点发送，传输到整个 P2P 网络，需要经过多次转发，增加了数据传输到整个网络的时长；节点收到数据时，一般会向本节点的邻节点转发，邻节点越多，节点需要转发的节点数就越多。针对这些问题，总结现有的网络传输扩展方案，主要分为以下三类：减小区块大小或优化区块数据结构以减少传输数据量；对区块链系统的 P2P 网络进行改进；针对区块链系统的具体应用场景，对区块链网络中数据传输过程进行优化。

综合分析各类传输扩展方案的优缺点，本章提出一种区块链网络传输扩展模型，利用该模型，数据发送节点根据传输路径过滤已接收数据节点，从而避免了数据重复转发；将每个存储邻节点的 k 桶划分为多个区域，邻节点被均匀地分布到这些区域，以减少数据传输层级；采用多个邻节点向同一个目标节点发送数据，以确保目标节点能接收到数据。该模型缩短了数据传输时长，提高了网络传输效率，提升了网络传输的扩展性。

6.1 P2P 网络技术

6.1.1 P2P 网络及节点

区块链系统的网络层一般采用 P2P 网络，其具有分布式、自治性、开放性、节点可自由加入或退出等特性。加入网络中的每个节点都具有唯一的身份标识，且节点与节点间直接连接，各节点间相互对等，没有任何特殊的中心化节点或层级结构。

区块链系统中的数据传输是通过 P2P 网络完成的，当一个节点完成新区块的构建时，需要将该新区块发送给其他节点。同时，接收到新区块的节点在区块数据通过节点的验证后，继续将区块转发给其他节点，以此类推，直到全网各节点都接收到该新区块。

区块链网络中的各节点具有数据存储、网络传输、交易和区块数据验证、共识等功能，节点按照是否存储完整的区块链数据可分为全节点和轻节点。全节点存储了区块链中所有的区块数据，全节点可以利用本地存储的历史区块数据，对交易数据进行验证，提升数据查询、共识等操作效率，但需要更多的磁盘存储空间来存储所有区块数据，因此共识节点一般都是全节点。轻节点仅存储区块头信息和少量区块数据，当查询的历史区块数据在本地未存储时，需要向其他节点请求，增加了区块数据的网络传输及区块数据验证时间，但降低了对存储空间的需求，移动端节点一般都是轻节点。

6.1.2 传输协议

为了 P2P 网络中各节点能够快速高效地传输数据,不同的区块链系统采用不同的传输协议。网络传输协议主要有 Gossip 协议、RLPx 协议等;比特币区块链、超级账本等使用的是 Gossip 协议,以太坊采用的是 RLPx 协议。

Gossip 协议主要用于分布式数据库系统中各节点之间同步数据,网络中各节点构成了一种非结构化的网络。当区块链网络中的任一节点发送一条新消息时,发送节点随机选取几个邻节点发送消息,接收节点同样随机选取几个邻节点转发该消息,不断重复该过程,直到该消息被广播到网络中的各节点。Gossip 协议不能保证各节点在某一时刻都能接收到消息,但最终都会接收到消息,所以是一种最终一致性协议。Gossip 协议中各节点可以随意加入或退出,不影响 P2P 网络的稳定性和数据的传输,具有较好的容错性和扩展性;Gossip 协议对网络无特殊节点要求,各节点相互对等,并最终达到各节点的一致性。Gossip 协议数据传输效率不高,需要经过多级传输才能传输到全网所有节点;同时,由于数据发送节点都是随机选择相邻节点发送数据,同一个节点可能会多次接收到来自不同节点发送的相同数据,造成网络资源的浪费。

以太坊节点间通信采用的是 RLPx 协议,它是一种基于 TCP 的传输协议,用于对任意消息数据的加密传输。以太坊实现分布式网络的底层算法采用的是 DHT 协议。DHT 是一种数据分布式存储方式,在区块链系统中,一般被应用于资源的分布式查询定位服务。每个资源存储索引被表示成一个〈Key,Value〉键值对,Key 是资源唯一标识,一般为资源主要信息的哈希值;Value 是实际存储资源节点的主要信息。所有资源的存储索引键值对组成了一张更大的资源存储索引哈希表,将资源存储索引哈希表分割成多个小块,分布到 P2P 网络中所有节点,每个节点维护资源存储索引哈希表的一部分。节点查询资源时,只需输入目标资源的 Key 值,区块链系统将查询内容路由到相应节点,即可从资源存储索引哈希表中获取到所有存储了该资源的节点地址列表。DHT 提出了一种网络模型(以太坊、IPFS 均采用),具体的实现方案有 Chord、Pastry、CAN、Kademlia(Kad)等算法,其中 Kad 也是以太坊网络、BitTorrent、eDonkey 等的实现算法。

6.2 传输扩展研究现状及分析

6.2.1 网络传输扩展研究现状

加入区块链系统中的所有节点构建成一个 P2P 网络,各节点间的网络传输效率、网络利用率、传输可靠性、安全性等因素直接影响着区块链系统运行的稳定性、性能等。区块链 P2P 网络中节点相互对等,网络传输的泛洪机制容易引起网络风暴、数据冗余传输等问题,随着区块链网络中的节点不断增多,网络传输数据量也会随之急剧增加,传输效率越来越低,另外节点可能会多次收到不同节点发送的重复数据,大量冗余数据的无效传输造成了网络资源的巨大浪费,甚至可能会引发区块链网络的拥堵。

总结分析现有的传输扩展方案,其分类如图 6-1 所示。

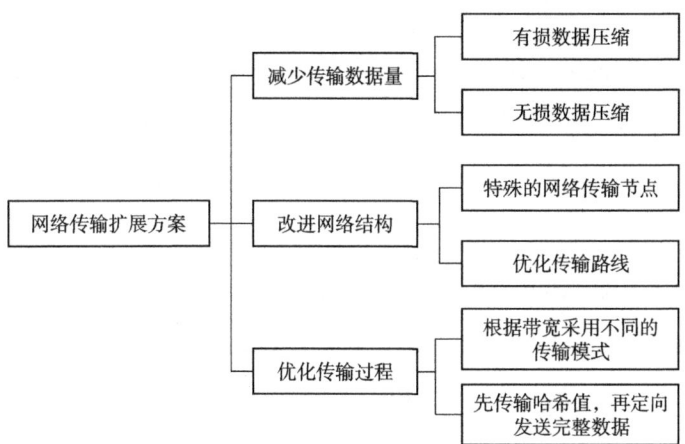

图 6-1 网络传输扩展方案分类

1. 减少传输数据量

优化交易和区块的数据结构,减少 P2P 网络中的传输数据量,主要方法有删除区块中冗余数据;传输部分核心数据,接收节点本地补充完整的区块数据等。

2. 改进网络结构

对区块链系统 P2P 网络结构进行改进,其目标是在传输数据量确定的情况下,减少数据传输到全网节点的时长,主要方法包括优化传输路线、增加特殊的中继节点或超级节点等。

3. 优化传输过程

针对区块链系统的具体应用场景,对区块链网络中的数据传输过程进行优化。在网络带宽较大时,一次性传输完整的数据;带宽较小时,发送节点先传输数据哈希值,接收节点根据哈希值判断本节点是否已接收到该数据,若未接收到,则根据哈希值请求完整的数据。

在国内外学者和研究机构进行的网络传输可扩展性研究中，通常都是多种扩展方案的技术结合。

国内外学者和研究机构已经开展了诸多区块链系统中 P2P 网络数据传输扩展的相关研究工作。在麻省理工学院研发的加密货币 Vault 项目中，节点仅需下载一小部分交易数据即可加入区块链网络，与比特币区块链相比减少了 99% 的带宽，与以太坊相比减少了 90% 的带宽。比特币核心开发组针对致密区块中继提出 BIP152（比特币改进提议），发送节点向接收节点发送致密区块"概要内容"，接收节点利用本节点交易池中的交易数据，结合接收到的区块概要数据，重新构建完整的区块数据。若节点本地缺失某些交易，则需向邻节点请求缺失的交易数据；在高带宽模式下接收节点直接请求对等节点发送新的完整区块，这可能会增加网络带宽要求，但降低了区块传输的时长。安德鲁·克利弗等人提出了极瘦区块传输技术，传输区块的数据量仅为原来的 1/24，且部署极瘦区块并不需要分叉。❶ 亚当·贝克等人推出了快速互联网比特币中继引擎（FIBRE），旨在建立一个更强大版本的比特币中继网络。通过改善数据传输速度，减少孤块的数量或者被网络拒绝的交易区块数量。❷ 由王嘉平团队提出的 Txilm 区块，是一种带盐短哈希的有损压缩区块，接收节点根据短哈希从本地交易池中获取交易数据，并完成区块的重新组织。❸

以上研究工作是从改进区块大小或优化区块数据结构的角度来提升网

---

❶ CLIFFORD A, PETER R R, et al. Towards Massive On-Chain Scaling: Block Propagation Results With Xthin[EB/OL]. [2024-01-03]. https://medium.com/@peter_r/towards-massive-on-chain-scaling-block-propagation-results-with-xthin-3512f3382276#.g50cw43hq, 2016.

❷ BACK A, CORALLO M, DASHJR L, et al. Enabling Blockchain Innovations with Pegged Sidechains[EB/OL]. [2024-01-03]. https://blockstream.com/sidechains.pdf.

❸ DING D H, JIANG X, WANG J P, et al. Txilm: Lossy Block Compression with Salted Short Hashing[EB/OL]. [2024-01-03]. https://arxiv.org/pdf/1906.06500v1.pdf.

络传输的可扩展性，也有一些研究工作从区块链系统 P2P 网络改进方面提升网络传输效率。埃克哈德·克勒等人对 Arc-flag 加速的基本变体进行了改进，用于大型网络的 P2P 最短路径计算。[1] Arc-flags 是对标准 Dijkstra 算法的一种改进，避免在最短路径计算过程中探索不必要的路径。韦皮韦等人提出了一种同心多环覆盖网络拓扑，可用于快速发现最短路径资源。[2] 这些最短路径算法优化了从节点到特定目标节点的网络传输路径。在 EOS 区块链的早期，一个新的区块由 21 个区块生产者中的其中一个构建并广播，但需要有高质量的硬件和网络。

还有一部分研究针对不同的区块链项目，结合区块数据结构及网络改进对区块链网络传输进行优化，现有的部分区块链系统已经对节点广播过程进行了优化。在比特币区块链中，节点通过三种方式向其邻节点传输新区块：BIP130 模式仅广播完整的区块头数据；BIP152 高带宽模式使用紧凑区块协议立即传输完整区块数据；INV 机制只广播区块哈希，节点首先向其邻节点发送 INV 消息，然后只向响应 GETDATA 消息的邻节点发送完整数据。这提高了完整数据的传输效率，但增加了网络通信的次数。在以太坊中，当矿工构造出一个新区块时，矿工会向其邻节点发送两种不同类型的消息：NewBlockMsg（包含完整的区块数据）和 NewBlockHashesMsg（只包含区块哈希值），与比特币区块链类似，以太坊第二种消息类型的网络通信次数也会增加。Coda 项目利用 zk-SNARKs 来减小区块大小，并通过 Coda 守护进程让客户端或钱包与 P2P 网络进行通信。守护进程监听

---

[1] KÖHLER E, MÖHRING R H, SCHILLING H. Fast Point-to-Point Shortest Path Computations with Arc-Flags[C]. The Ninth DIMACS Implementation Challenge: The Shortest Path Problem. DIMACS Series in Discrete Mathematics and Theoretical Computer Science, 2009, 74: 41-72.

[2] WEPIWE G, SIMEONOV P L. A Concentric Multi-Ring Overlay for Highly Reliable P2P Networks[C]. Fourth IEEE International Symposium on Network Computing & Applications. IEEE, 2005: 83-90.

所有事件，如新区块的产生等。

6.2.2 网络传输扩展分析

从以上对区块链网络传输扩展研究现状的调研总结可以看出，在区块链 P2P 网络的数据传输扩展方面，面临着一些挑战。

1. 数据重复传输

数据广播到 P2P 网络中所有节点时，节点可能会多次接收到不同节点发送的相同数据，这些重复数据的传输增加了节点处理数据的工作量，增大了区块链网络中的传输数据量。

2. 数据传输层级多，传输时间长

数据传输层级表示数据传输到数据接收节点所要经过的转发次数。数据从一个节点发送，传输到整个 P2P 网络，需要经过不同节点的多次转发，增加了数据传输到整个网络中各节点的时长。

3. 各节点数据传输负载分布不均

在节点收到数据时，一般会向本节点的邻节点转发数据，邻节点越多，节点需要转发的节点数就越多，节点数据传输负载分布不均。

区块链系统中网络传输效率因上述问题而受影响，低效率的网络传输问题存在一些区块链项目中。从目前对区块链网络传输扩展研究现状的综合分析来看，主要是从以下几个方面来进行改进的。

① 减少区块大小或优化区块数据结构。其目标是减少 P2P 网络中的传输数据量，主要方法有删除区块中冗余数据、优化数据结构、对区块数

据进行压缩等。

② 对区块链系统 P2P 网络进行改进。其目标是在传输数据量确定的情况下，减少数据传输到全网节点的时长，主要方法包括优化传输路线、增加特殊的中继节点或超级节点等。

③ 针对不同区块链项目的具体设计，对区块链网络中数据传输过程进行优化。一般在网络带宽较大时，一次性传输完整的数据。网络带宽较小时，发送节点先传输数据哈希，接收节点根据哈希值判断本节点是否已接收到该数据，若未接收到，则根据哈希值请求完整的数据；或发送节点传输部分核心数据，接收节点本地补充完整的区块数据，在本地没有对应交易数据时，再向邻节点请求数据。

结合以上几类方案的优缺点，本章提出一种基于传输路径及邻节点分区管理的网络传输模型，优化数据传输过程，提高网络传输效率，对区块链网络传输扩展研究具有一定的理论和实践意义。

6.3　背景与动机

6.3.1　P2P 网络拓扑结构

现有的区块链系统一般采用去中心化网络，节点间通过 P2P 网络相互通信。P2P 网络主要有集中式、纯分布式、混合式和结构化网络四种不同类型的网络拓扑结构。

集中式网络拓扑是利用中心化节点来保存网络中各节点的索引信息（包括节点 IP、端口号等）。其优点是网络结构简单，且易实现；缺点是由于中心化节点存储所有节点的索引信息，当扩展网络中节点规模时，容易出现性能瓶颈，而且存在单点故障问题。集中式因存在中心化节点一般不被区块链系统采用。

纯分布式网络拓扑没有中心化节点，各节点随机组建 P2P 网络，新节点与邻节点建立连接时，通过全网广播让所有节点都知晓该新加入的节点。纯分布式网络拓扑具有较好的扩展性，但泛洪机制引入了可控性差等问题，容易形成泛洪循环、响应消息风暴等问题。

混合式网络拓扑将集中式和纯分布式结构结合，网络中存在多个超级节点，超级节点间为纯分布式结构，同时各超级节点有多个普通节点与其组成一个较小的集中式网络。泛洪广播只发生在各超级节点之间，避免了大规模泛洪问题。该网络拓扑结构灵活，实现难度相对较小，但超级节点容易被视为攻击对象，从而可能导致网络瘫痪。超级账本、EOS 等均采用了混合式网络拓扑结构。

现有的结构化 P2P 网络一般基于 DHT 算法思想。结构化 P2P 网络将各节点按照环状网络或树状网络等不同网络结构进行组织管理，大大提升了对网络节点的管理效率和通信效率。采用结构化网络拓扑结构的典型区块链项目有以太坊、IPFS 等。

由于结构化 P2P 网络的传输优势及考虑实现的难易度，更多的区块链项目采用结构化 P2P 网络拓扑结构，因此，本章主要研究结构化 P2P 网络的传输扩展。

6.3.2 结构化网络传输实例

Kad 算法在结构化 P2P 网络中被广泛使用，用于分布式网络环境下，快速而又准确地查找并定位数据。该算法中所有节点都有唯一的节点 ID，采用节点 ID 异或运算可以衡量两个节点间的逻辑距离，在此基础上，将整个 DHT 网络结构组织为一个二叉前缀树，所有节点都以节点 ID 作为二叉前缀树的叶子节点。从每个节点自身的视角，可以按照距离本节点的远近将二叉前缀树划分为子树，每个子树与本节点都有一个共同的前缀，共同前缀越少则距离越远。该算法采用二叉前缀树结构缩小了资源搜索范围，减少了节点间查询的网络资源消耗，提升了查询效率，同时，采用并行、异步查询，避免了单个节点退出或单点故障导致的查询失败情况。二叉前缀树结构如图 6-2 所示。

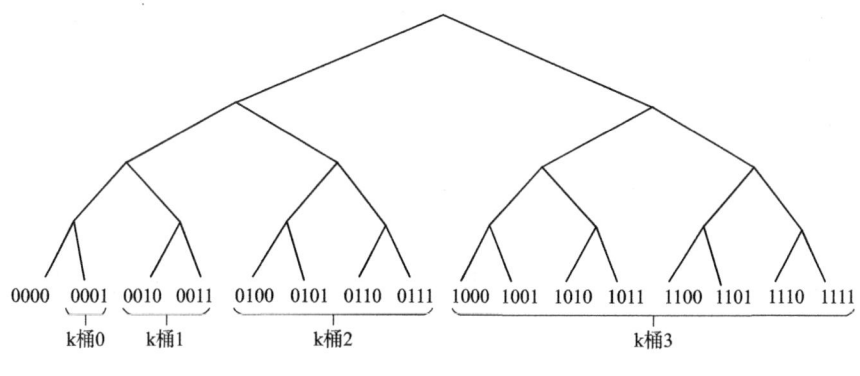

图 6-2　二叉前缀树

图 6-2 中，假设节点 ID 长度为 4 位，则每个节点有 4 个 k 桶。每个 k 桶假设最多存储 2 个节点，则节点 ID 为 0000 节点的邻节点集合为：

① k 桶 0 存储距离为 $[2^0,2^1)$ 范围内的节点，即距离为 1、ID 为 0001 的节点；

② k 桶 1 存储距离为 $[2^1,2^2)$ 范围内的节点，即距离为 2、3，ID 为 0010、0011 的节点；

③ k 桶 2 存储距离为 $[2^2,2^3)$ 范围内的节点，即距离为 4、5、6、7 的节点，但由于每个 k 桶最多存储 2 个节点，则存储节点 ID 为 0100、0101 的节点；

④ k 桶 3 存储距离为 $[2^3,2^4)$ 范围内的节点，即距离为 8~15 的节

点，但由于每个 k 桶最多存储 2 个节点，则存储节点 ID 为 1000、1001 的节点。

ID 为 0000 的节点向网络发送一条数据，其数据传输步骤如下。

① ID 为 0000 的节点将数据发送给节点的所有相邻节点，即发送给 ID 为 0001、0010、0011、0100、0101、1000、1001 的节点，完成第一层级数据发送。

② 接收到数据的 7 个节点，都是首次接收到该条数据，并分别将数据转发给这 7 个节点的邻节点。例如，ID 为 1000 的节点，将数据转给 ID 为 1001、1010、1011、1100、1101、0000、0001 的节点，完成第二层级数据转发。

③ 接收到第二层级转发数据的 49 个节点，部分节点不是首次接收到该条数据，这些节点不再转发数据；首次接收到该条数据的节点，继续转发数据给其邻节点。例如，节点 ID 为 1100 节点将数据转发给节点 ID 为 1101、1110、1111、1000、1001、0100、0101 的节点，完成第三层级数据转发。

④ 最后接收到数据的节点 ID 为 1110、1111 的两个节点，继续将数据转发给各自的邻节点。至此，网络中各节点都已接收到了数据，所有节点都不再转发数据，此次数据广播完成。

6.3.3 结构化网络传输问题

从以上对结构化 P2P 网络拓扑结构的描述以及传输实例的分析可以看出，结构化 P2P 网络拓扑结构主要存在以下问题。

1. 传输泛洪问题

每个节点首次接收到数据时，都会将数据转发给其邻节点。若总节点

数为 N_{node} 的区块链系统，节点的最大邻节点数为 $N_{neighborNode}$，则每个节点传输数据次数最多为 $N_{neighborNode}$，在整个 P2P 网络中完成一次数据传输需要进行的数据传输总次数为 $N_{node} \times N_{neighborNode}$。

2. 数据转发层级数多，传输时间长

若区块链系统中节点 ID 长度位数为 $N_{nodeIdLength}$，每个 k 桶存储的节点最大数为 $N_{nodeInBucket}$，则传输层级数为 $N_{nodeIdLength} - \log_2 N_{nodeInBucket}$。

3. 每个节点的数据转发次数各不相同

节点接收到数据时，一般都会将数据转发给其邻节点。节点存储的邻节点越多，数据转发次数越多，节点传输数据的次数分布越不均。

6.4 网络传输扩展模型

为了提升结构化 P2P 网络的数据传输效率，网络传输扩展模型通过在传输数据中附加已发送过数据的节点信息，且节点转发数据时，过滤掉附加的已发送过数据的节点，避免向已发送过数据的节点重复发送数据；同时，由距离目标节点较近的多个冗余节点向同一个目标节点转发数据，确保目标节点能够接收到数据；将节点的存储邻节点 k 桶划分为多个区域，邻节点按照区域均匀分布，分散节点的传输压力，减少数据传输层级数，从而缩短数据广播到整个网络各节点的时长。

6.4.1 传输路径设置

区块链 P2P 网络中数据传输时，节点首先将数据发送给邻节点，邻

节点接收到数据后,又发送给各自的邻节点。任一节点在接收到数据时,可能会多次从不同的邻节点接收到同一条重复数据,造成了区块链网络资源的浪费,同时也增大了网络的数据传输负载,有可能造成网络拥堵。

网络传输扩展模型优化了网络传输过程,数据发送节点在发送数据之前将数据传输路径附加到传输数据中,数据接收节点判断目标节点是否已经被发送过数据,若已被发送过数据,则不再向该节点发送数据。

1. 传输路径

节点在发送数据前,附加本节点信息和将要发送数据的节点集合信息,形成路径点数据,并与接收数据中的路径点信息形成数据传输路径,传输路径结构如图 6-3 所示。

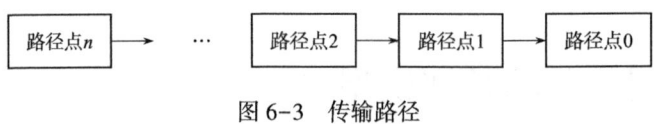

图 6-3　传输路径

传输路径完整地表达了数据从发送节点到接收节点的传输过程,同时利用传输路径数据可以避免向已经发送过数据的节点再次发送重复数据。

2. 路径点数据结构

参考比特币区块链的区块数据结构的设计,传输路径中路径点的数据结构见表 6-1。

表 6-1　路径点数据结构

数据项	字节数/B	描述
Path Point Size	4	路径点数据大小
Path Point Header	108	路径点头部信息
Transmission Node	54	传输节点信息

续表

数据项	字节数/B	描述
Distance Set	4n	数据发送节点与数据接收节点的距离集合
Transmission Node Count	4	节点间距离集合的数量

传输节点信息包括数据发送节点的 ID、IP 地址及端口号等信息；数据发送节点与数据接收节点的距离集合，即记录了数据发送节点与将要被发送数据的节点间的距离集合；节点间距离集合的数量为节点间距离集合中的数据条数，其数量不大于区块链网络中节点的邻节点数。节点间距离集合的设计与区块链系统邻节点 k 桶的设计类似，按照节点间距离由小到大排序，其表达式为

$$ds = \{\{d_{01},\cdots,d_{0m}\},\cdots,\{d_{k1},\cdots,d_{kn}\}\} \quad (6-1)$$

其中，k 为 k 桶序号；$\{d_{k1},\cdots,d_{kn}\}$ 记录距离范围为 $[2^k, 2^{k+1})$。路径点头部信息的数据结构见表 6-2。

表 6-2　路径点头部数据结构

数据项	字节数/B	描述
Path Point Hash	32	路径点数据哈希值，为路径点的唯一标识
Version	4	路径点版本信息
Previous Path Point Hash	32	前一个路径点数据哈希值
Path Point Depth	4	路径点深度
Timestamp	4	路径点产生时间戳
Path Point Signature	32	传输节点私钥对路径点数据的签名

采用数据发送节点与数据接收数据节点的距离集合代替数据接收节点 ID 集合，减少了传输路径的数据量，缩短了数据传输时长。数据发送节点与单个数据接收节点距离的字节大小为 4B，而节点 ID 的字节大小为 32B。

3. 附加传输路径的传输

当节点接收到数据时，一般会将数据广播给其邻节点；或者首先询问

邻节点是否收到数据,若未收到则向该邻节点发送数据。第一种情况下,已经收到数据的节点可能会接收到同一条重复数据;第二种情况下,数据传输的次数会增加。

在图 6-2 中,节点 0000 发送数据给节点 0001、节点 0010 及其他邻节点,当节点 0001 接收到数据时,它将向节点 0010 及其他邻节点转发数据,这是因为节点 0001 无法知道节点 0010 已经接收到节点 0000 发送的数据。附加传输路径与未附加传输路径的网络传输过程比较如图 6-4 所示。

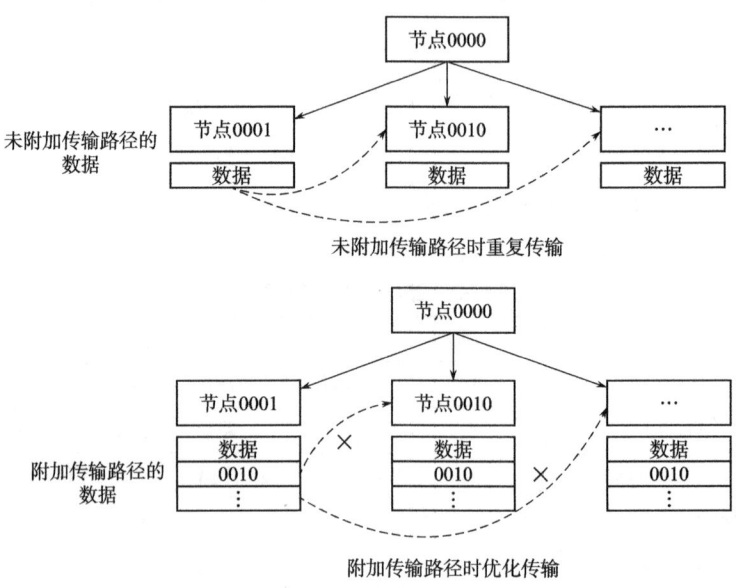

图 6-4　附加与未附加传输路径的网络传输过程对比

注:图中的×表示在附加传输路径时无须再传输给节点 0010 及其他已接收到数据的节点。

节点 0000 发送的数据包括了传输路径,节点 0001 从传输路径中得知节点 0010 已经接收到了节点 0000 发送的数据,所以,节点 0001 转发接收到的数据时不会再向传输路径中已存在的邻节点转发数据。网络传输扩展模型利用传输路径数据,减少了网络传输次数,提升了区块链网络的利用率。

6.4.2 邻节点分区存储

数据发送节点将数据发送给其邻节点,由于单个节点存储的邻节点数量有限,这就需要接收到数据的节点继续将数据转发给各自的邻节点,直到网络中所有节点都接收到该条数据。最后一批接收到数据的节点需要经过多个层级的网络传输,每多一个层级的传输过程,其接收到数据的时长会同步增加。

为了让 P2P 网络中各节点在较短的时间内接收到数据,需要减少网络传输的层级数。网络传输扩展模型将存储邻节点的 k 桶分区,让邻节点均匀分布到每个区域,增大邻节点的覆盖面。每次数据传输尽可能传输到距离数据发送节点较远的节点,从而减少传输的层级数。

1. 传输层级

传输层级表示数据从发送节点到接收节点需要经过的传输层级数,其值等于数据从第一个数据发送节点到数据接收节点的整个传输路径中路径点数量。传输层级结构如图 6-5 所示。

数据传输层级数越大,传输的时间越长,如图 6-2 所示的实例中,节点将数据传输到整个网络,需要经过 3 个层级。

2. 分区存储

根据 Kad 算法、前缀二叉树结构图及结构化网络传输实例可以看出,距离数据发送节点越远(节点间距离越大)的节点接收到数据的时长越大。对于 k 桶 i,其存储了与本节点距离在区间 $[2^i, 2^{i+1})$ 范围内的节点,且 k 桶只存储距离本节点最近的 k 个节点。

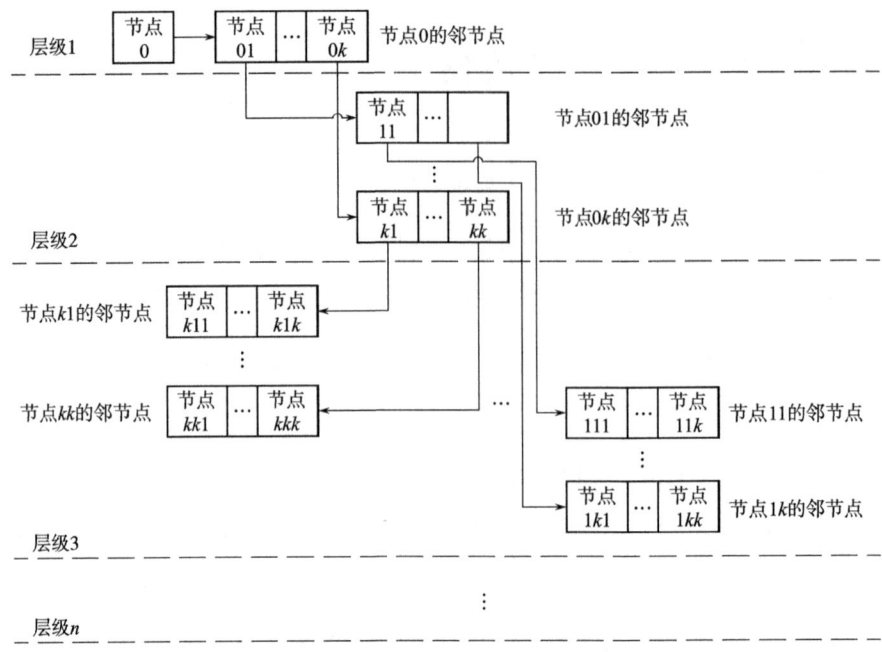

图 6-5 传输层级结构

由于距离越近的节点其邻节点重合度也越高,网络传输扩展模型采用将 k 桶的距离区间 $[2^i, 2^{i+1})$ 划分为多个区域,k 桶存储的邻节点均匀分布到这些区域中。

在图 6-2 所示的实例中,节点 0000 的第 4 个 k 桶,当存储邻节点的最大数 $N_{neighborNode}$ 为 4 时,k 桶分区前与分区后的数据传输层级对比如图 6-6 所示。

k 桶分区后,由于每个子区域都有 1 个节点接收到数据,因此能够在进行下一层级的数据传输时,将数据转发给该区域内的所有节点,无须更多层级的数据传输。

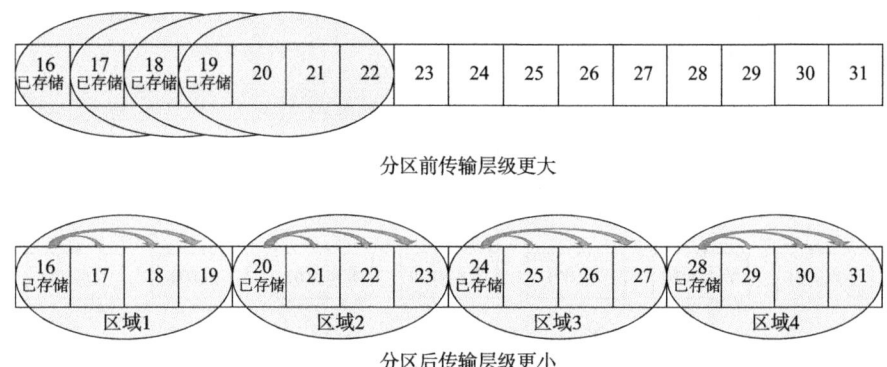

图 6-6　分区前与分区后的数据传输层级对比

6.4.3　同层级较近节点传输

数据传输时，在第一层级，数据由节点发送给末节点的邻节点，接收到数据的节点再将数据发送给各自的邻节点。由于数据接收节点有部分相同的邻节点，转发数据时可能会出现多个节点向同一个目标节点转发数据。

网络传输扩展模型通过计算出前一个路径点已发送数据节点与需要转发数据的目标节点间的逻辑距离，由距离目标节点较近的节点向目标节点发送数据。

1. 较近节点冗余传输

多个节点在同一层级接收到数据且这些节点拥有同一个数据转发的目标节点时，依次计算出多个节点与数据转发的目标节点间距离，并按照距离由小到大排序。距离较小的节点为较近节点，目标节点的数据转发由距离目标节点较近的节点完成。

由于节点间网络带宽可能较小、恶意节点不向其他节点转发数据等原因，目标节点可能接收不到最近的一个节点传输的数据。为了增加数据传输的可靠性,由多个较近节点向目标节点传输数据。在结构化网络传输实例中,较近节点冗余传输过程如图 6-7 所示。

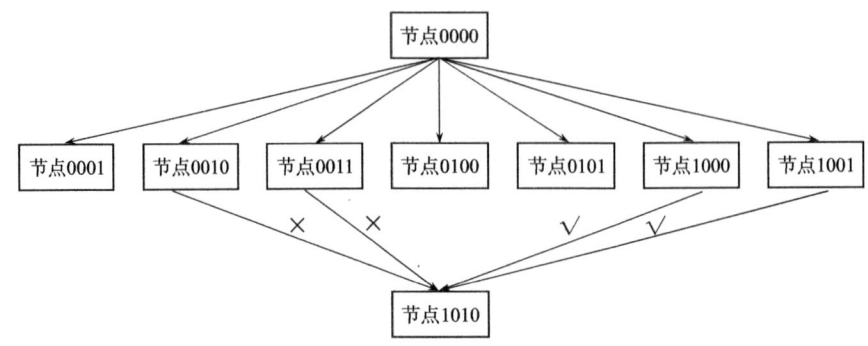

图 6-7 较近节点冗余传输示意图

注:×表示无须传输;√表示需要传输。

图 6-7 中,节点 0000 将数据发送给 7 个邻节点。在接收到数据后,这 7 个节点继续将数据转发给各自的邻节点,其中 ID 为 0010、0011、1000、1001 的节点有同一个 ID 为 1010 的邻节点。按照较近节点冗余传输的设计,假设冗余传输节点数为 2 时,由 ID 为 1000、1001 的节点向节点 1010 转发数据,而 ID 为 0010、0011 的节点无须向节点 1010 重复转发数据。

2. 较近节点传输验证

在节点接收到数据后,需对传输节点进行验证,若未接收到较近节点发送的数据,则将其从邻节点中移除。传输路径数据记录了上一级节点传输的接收节点信息,在计算出末节点与上一级节点传输的接收节点间距离后,若未收到比传输数据节点距离更近节点传输的数据,则将该更近节点从邻节点中移除。

图 6-7 中,节点 1010 接收到距离为 3、ID 为 1001 的节点传输的数据,但节点 1000 与节点 1010 之间的距离通过异或算法得出为 2,若在超时时间范围内未收到节点 1000 的传输的数据,则节点 1010 将节点 1000

从本节点的邻节点中移除。

6.5 模型构建

6.5.1 邻节点更新

为了让数据在较短的时间内传输到 P2P 网络中各节点，节点的邻节点按照距离远近尽可能分散存储，本模型优化了邻节点的存储方式，将邻节点按照距离大小分区域存储，详细步骤如下所述。

1. k 桶分区

根据 Kad 算法，区块链系统中节点的邻接点采用 k 桶存储管理，k 桶 i 存储与本节点距离在区间 $[2^i, 2^{i+1})$ 范围内的节点信息，k 桶存储的最大节点数为系统配置的固定值 $N_{nodeInBucket}$。将距离区间 $[2^i, 2^{i+1})$ 范围划分为 $N_{nodeInBucket}$ 个区域，则每个区域最多存储 1 个邻节点。

2. 计算距离，确定所在区域

当一个新节点加入网络时，首先根据节点 ID 异或运算计算出新节点与本节点间的距离。根据计算出的距离，确定其所在的 k 桶及 k 桶的区域，并将该新节点作为该区域存储的邻节点。

3. 更新区域内节点

若该区域内已存在一个邻节点，则比较已存在邻节点的更新时间。若更新时间超过一定的更新时间间隔，则用新节点代替已存在的邻节点，并将其作为该区域内的邻节点,否则不更新该区域内的邻节点。

6.5.2 发送和接收数据

区块链系统中,节点发送交易、区块等数据时,需要将数据按照区块链协议打包成标准数据格式,同时附加传输路径数据,发送给本节点的邻节点,详细步骤如下所述。

① 组织路径点数据:根据表 6-1 中路径点的数据结构定义,将本节点的路径点数据组织完成。

② 附加传输路径:将本节点的路径点数据链接到传输路径数据中,并将完整的传输路径附加到传输数据中。

③ 发送数据:节点将打包完成的数据和传输路径数据一并发送给其邻节点。

节点接收到数据后,将验证交易、区块等数据的有效性,同时对传输路径数据进行验证,验证传输路径如算法 6-1 所示。

算法 6-1:传输路径验证

```
输入:listPath:   所要验证的传输路径
     sendNode:   发送数据的节点信息
输出:result:    传输路径验证结果
1:  count ← listPath.Count
2:  i ← 0
3:  for pathItem in listPath do
    // 验证路径点数据
4:      if pathItem.Size ! = pathItem.PathPointSize
5:          return false
```

6： end if

// 验证传输节点集合数量

7： if pathItem.ListDistance.Count ！= pathItem.TransNodeCount

8： return false

9： end if

// 最后一个路径点的传输节点应为发送数据节点

10： if count-1 == i && pathItem.TransNode ！= sendNode

11： return false

12： end if

// 第一个路径点的上一个路径点数据哈希为系统默认哈希值

13： if i == 0

14： if pathItem.Header.PreviousHash ！= Const.DefaultHash

15： return false

16： end if

17： else

// 验证路径点的上一个路径点数据哈希

18： if pathItem.Header.PreviousHash ！= listPath[i-1].Header.PathHash

19： return false

20： end if

21： end if

// 验证路径深度

22： if pathItem.PathDepth ！= i

```
23:        return false
24:     end if
// 验证路径签名
25:     if Verify(pathItem,pathItem.Signaure,pathItem.TransNode.PublicKey)
26:        return false
27:     end if
28:  i ← i + 1
29:  end for
30:  return true
```

根据6.4.1节对路径点数据结构的描述，传输路径数据的验证包括对路径点数据、距离值集合、数据发送节点、上一个路径点哈希值、路径点深度、路径点数据签名等数据的验证。该算法循环验证的传输路径中的路径点数据，当传输路径点数为 n 时，其时间复杂度为 $O(n)$。

6.5.3 转发数据

数据接收节点对传输路径数据验证通过后，将数据进一步转发给本节点的邻节点。本节点向目标节点转发数据时，首先通过传输路径判断目标节点是否已被发送过数据，若已被发送过数据则不再向其转发数据；其次计算本节点与目标节点间的距离，并计算出上一级路径点中已发送过数据节点与目标节点间的距离，以此判断本节点是否为目标节点的较近节点，若不是则不向其转发数据；最后计算出本节点需要转发的所有目标节点，将这些目标节点信息及本节点信息组织成路径点数据，与接收到的传输路径数据一起附加到需要转发的数据中，依次发送给需要转发数据的目标节点。数据转发流程如算法 6-2 所示。

算法 6-2：数据转发流程

输入：dataItem：将要转发的数据

输出：

// 获取邻节点，创建目标节点的临时列表，获取本节点信息

1: neighborNodeList ← GetNeighborNode()

2: nodeList ← CreateNewList()

3: nodeInfo ← GetNodeInfo()

4: for nodeItem in neighborNodeList do

// 不再发送数据给传输路径中已存在的节点

5:   for pathItem in dataItem.ListPath do

6:     distance ← CalDistance(pathItem.TransNode, nodeItem)

7:     if pathItem.DistanceList.Contains(distance)

8:       break

9:     end if

10: end for

11: count ← dataItem.PathList.Count

12: pathLast ← dataItem.PathList[count-1]

13: distanceSelf ← CalDistance(nodcInfo, nodeItem)

14: distanceList ← CreateNewList()

// 判断本节点是否需要向目标节点传输数据

15: for distanceTemp in pathLast.DistanceList do

16:   if distanceList.Count >= c

17:     break

```
18:        end if
19:        nodeTemp ← CalNode(pathLast.TransNode,distanceTemp)
20:        distance ← CalDistance(nodeTemp,nodeItem)
21:        if distanceSelf > distance
22:            distanceList.Add(distance)
23:        end if
24:     end for
25:     nodeList.Add(nodeItem)
26: end for
// 不需要向任何节点发送数据
27: if nodeList.Count == 0
28:     return
29: end if
// 创建本节点的传输路径
30: pathNew ← CreatePath(nodeInfo,nodeList)
31: dataItem.PathList.Add(pathNew)
// 向给定节点发送数据
32: SendData(dataItem,nodeList)
```

在数据转发流程中,主要是确定本节点将要进行数据转发的目标节点集合。该算法循环 m 个邻节点,并嵌套循环比较 n 个传输路径中是否存在该邻节点,同时嵌套循环比较 r 个节点间距离,判断是否需要本节点向邻节点传输数据,其时间复杂度为 $O(m(n+r))$。

6.6 分析与讨论

6.6.1 有效传输率

有效传输是指将数据传输给尚未接收到数据的节点。将数据再次发送给已接收到数据的节点为无效传输。有效传输率表示有效传输次数占数据在 P2P 网络中总传输次数的百分比。在网络传输扩展模型的设计中,数据从发送节点传输到 P2P 网络中的各节点,需要传输的次数 $N_{transTimes}$ 如式(6-2)所示:

$$N_{transTimes} = (N_{node} - 1) \times N_{reTransNode} \tag{6-2}$$

其中,N_{node} 为区块链系统 P2P 网络中所有节点数;$N_{reTransNode}$ 为冗余传输节点数,即由多个距离较近的冗余节点传输数据,以保证目标节点数据接收的可靠性,其值一般配置为 3。原有的结构化 P2P 网络中,节点接收到数据时会转发给邻节点,传输次数如式(6-3)所示:

$$N_{transTimes} = N_{node} \times N_{neighborNode} \tag{6-3}$$

理想情况下,节点发送一条数据,网络中各节点只收到一次数据,传输次数的标准值如式(6-4)所示:

$$N_{transTimes} = N_{node} - 1 \tag{6-4}$$

假设节点的邻节点数为总节点数的 10%,改进后冗余传输节点数为 3 时,传输次数分析见表 6-3。

表 6-3 传输次数分析

N_{node}/个	标准值	改进前传输次数/次	改进前有效传输率/%	改进后传输次数/次	改进后有效传输率/%
100	99	1 000	9.9	297	33.3
1 000	999	100 000	0.99	2 997	33.3
3 000	2 999	300 000	1	8 997	33.3
5 000	4 999	500 000	1	14 997	33.3
8 000	7 999	800 000	1	23 997	33.3
10 000	9 999	1 000 000	1	29 997	33.3

改进后网络传输模型的有效传输率为 33.3% 左右，主要与冗余传输节点数 $N_{reTransNode}$ 有关。$N_{reTransNode}$ 越大，有效传输率越低，但传输越可靠。

6.6.2 传输效率

传输效率与数据从发送节点传输到 P2P 网络各节点的时长大小相关，传输时长越短，传输效率越高。在网络带宽一定的条件下，传输时长与传输层级数、传输数据量大小有关，传输层级及传输数据量越小，传输时长越短，传输效率越高。

1. 传输层级分析

传输层级越大，数据转发的次数越多，数据传输到 P2P 网络各节点的时长就越长。由于节点与数据发送节点间距离越大，传输层级也就越大，因此，网络传输扩展模型通过将存储邻节点的 k 桶分区，缩小数据发送节点与目标节点间的距离，从而减少传输层级数，传输层级如式（6-5）所示：

$$N_{transLevel} = \frac{N_{nodeIdLength}}{\log_2 N_{nodeInBucket} + 1} \quad (6-5)$$

其中，$N_{nodeIdLength}$ 为区块链系统节点 ID 的位数；$N_{nodeInBucket}$ 为 k 桶存储节点的最大数；$N_{transLevel}$ 为大于等于式中计算结果的最小正整数。

原有的结构化 P2P 网络中，传输层级如式（6-6）所示：

$$N_{transLevel} = N_{nodeIdLength} - \log_2 N_{nodeInBucket} \tag{6-6}$$

数据传输层级分析见表 6-4。

表 6-4　数据传输层级分析

$N_{nodeIdLength}$/个	$N_{nodeInBucket}$/个	改进前/级	改进后/级
8	4	6	3
8	8	5	2
64	4	62	22
64	8	61	16
128	8	125	32
128	16	124	26
256	8	253	64
256	16	252	52

从表 6-4 中可以看出，区块链系统节点 ID 的位数 $N_{nodeIdLength}$ 越大，传输层级越大，k 桶存储节点的最大数 $N_{nodeInBucket}$ 越大，传输层级越小。

2. 传输数据量分析

数据传输的总时长为每一层级的传输时长之和。网络传输扩展模型增加了传输路径验证时间、确定是否需要向目标节点发送数据的计算时间、传输路径数据传输的额外开销。在数据传输时，附加了传输路径数据，因此增加了网络传输的数据量。根据表 6-1 中路径点数据结构的定义，第 i 个路径点的数据大小如式（6-7）所示：

$$D_{pathPoint}(i) = 4 \times N_{transNode}(i) + 170 \tag{6-7}$$

向 $N_{transNode}$ 个节点第 i 次转发数据时，增加的数据量如式（6-8）

所示：

$$D_{path}(i) = \sum_{k=1}^{i} D_{pathPoint}(k) \qquad (6-8)$$

每次传输增加的数据量平均值如式（6-9）所示：

$$D_{average} = \frac{\sum_{r=1}^{N_{transLevel}} D_{path}(r)}{N_{transLevel}} \qquad (6-9)$$

以以太坊区块数据传输为例，传输速率为 20Mbps，$N_{nodeIdLength}$ 为 256，$N_{nodeInBucket}$ 为 16，节点总数 N_{node} 约为 10 000 个，冗余传输节点数为 3 个，根据传输层级分析，改进前传输层级为 252 级，改进后传输层级为 52 级，每次传输增加的数据量平均值如式（6-10）所示：

$$D_{average} = \left(4 \times \frac{10\,000 - 1}{52} \times 3 + 170\right) \times \frac{52}{2} \approx 0.06\text{MB} \qquad (6-10)$$

改进前和改进后传输时长分别如式（6-11）、式（6-12）所示：

$$T_{trans} = \frac{D_{dataLength}}{2.5} \times 252 \qquad (6-11)$$

$$T_{trans} = \frac{(D_{dataLength} + 0.06)}{2.5} \times 52 \qquad (6-12)$$

其中，$D_{dataLength}$ 为传输的数据量大小。以太坊区块高度为 8 172 115 的区块大小为 26 703B，改进前传输时长为 2.6s，改进后传输时长为 1.8s。传输 1MB 左右大小的比特币区块，改进前时长为 100.8s，改进后时长为 22s。传输效率分析如图 6-8 所示。

从图中可以看出，随着网络传输数据量的增加，改进后传输模型的传输效率优势更加明显。

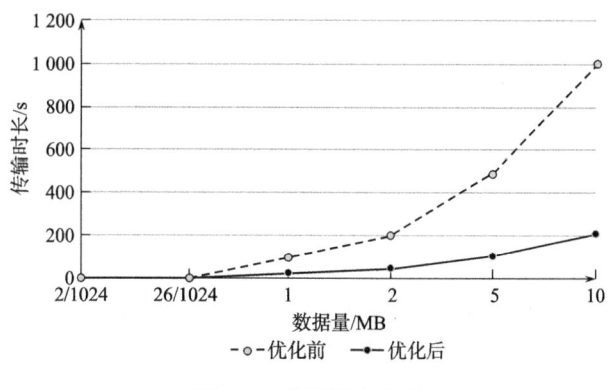

图 6-8 传输效率分析

6.6.3 增加的传输时间

网络传输扩展模型增加了传输路径验证时间、确定是否需要向目标节点发送数据的计算时间、传输路径数据传输的额外开销,其中,传输路径数据传输的额外开销已在第 6.6.2 节中进行了分析。

1. 传输路径验证时间分析

当节点接收到数据时,首先会验证传输路径的有效性,在算法 6-1 中描述了验证传输路径数据的详细步骤。以以太坊的数据传输为例,第 6.6.2 节中描述了实验参数,传输路径验证时间如图 6-9 所示。

图 6-9 中,验证传输路径的时间随着传输层级的增大而增加,传输层级越大,需要验证的传输路径的数据越多。当传输层级达到最大值 52 级时(根据表 6-4),验证传输路径的最大时间不超过 15ms,验证传输路径的总时间不超过 0.4s,因此,不影响区块链系统中数据的传输时长。

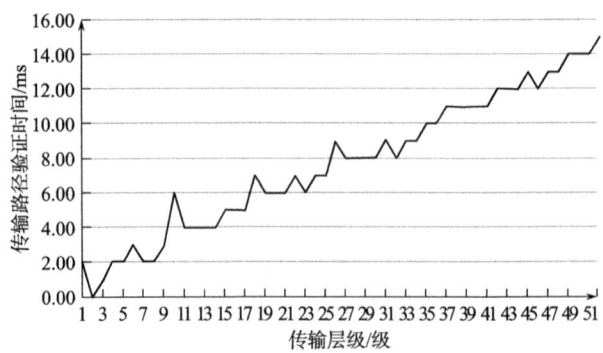

图 6-9　传输路径验证时间分析

2. 节点查找时间分析

在节点接收到数据后,在数据转发前分析并确定是否应将数据转发给目标节点,因此延长了数据转发目标节点的查找时间。节点查找时间如图 6-10 所示。

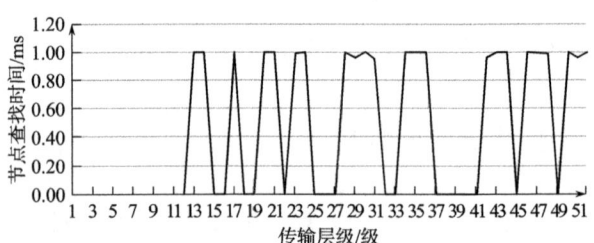

图 6-10　节点查找时间分析

根据图 6-10,节点查找的最大时间不超过 1ms,节点查找总时间不超过 23ms,相对于数据传输总时长来说,节点查找时间可以忽略不计。

6.6.4　安全性分析

在使用网络传输扩展模型时,可能面临的攻击及其解决方案主要有以下四个方面。

1. 节点构造虚假传输路径

节点在构造传输路径时，没有遵守传输路径的数据结构，构造了错误或虚假的传输路径。根据 6.5.2 节的描述，任何节点在接收到数据时，都会按照传输路径验证算法对传输路径数据进行验证，验证失败时，节点将从本节点的邻节点中删除数据发送节点，并通过冗余节点的数据传输保证本节点能够接收到正确的传输路径数据。

在对目标节点进行数据传输时，如果所有冗余传输节点都构造虚假传输路径，则恶意节点攻击成功。第一个较近节点为恶意节点的概率 $R_{\text{maliciousNode}}$ 如式（6-13）所示：

$$R_{\text{maliciousNode}} = \frac{N_{\text{maliciousNode}}}{N_{\text{neighborNode}}} \tag{6-13}$$

其中，$N_{\text{maliciousNode}}$ 表示邻节点中恶意节点的数量，以此类推，前 $N_{\text{maliciousNode}}$ 个较近节点都为恶意节点的概率 $R_{\text{maliciousNode}}$，如式（6-14）所示：

$$R_{\text{maliciousNode}} = \frac{N_{\text{maliciousNode}}}{N_{\text{neighborNode}}} \times \frac{N_{\text{maliciousNode}} - 1}{N_{\text{neighborNode}} - 1} \times \cdots \times \frac{1}{N_{\text{neighborNode}} - N_{\text{maliciousNode}} - 1} \tag{6-14}$$

以以太坊网络为例，当节点总数 N_{node} 为 10 000 个，邻节点为 1 000 个，且邻节点中恶意节点数不超过 1/3，即 333 个时，前 3 个较近的冗余传输节点都为恶意节点的概率如式（6-15）所示：

$$R_{\text{maliciousNode}} = \frac{333}{1\,000} \times \frac{332}{999} \times \frac{331}{998} = 3.67\% \tag{6-15}$$

可见，通过冗余节点的传输设计，节点构造虚假传输路径进行成功攻击的概率较低。通过增加冗余节点的个数，可进一步降低恶意节点成功攻击的概率。

2. 较近节点不传输数据

根据第 6.4.3 节同层级较近节点传输的描述，为了提升网络传输效率，多个同层级节点向同一目标节点传输数据时，由距离目标节点较近的节点传输数据；同时，为了保障网络传输的可靠性，通过增加冗余传输节点保障目标节点能够接收到数据。数据接收节点接收到数据时，通过同层级较近节点传输的验证规则，对传输节点进行验证。若未收到距离更近节点传输的数据，则将距离更近节点从本节点的邻节点中删除。

3. DDoS 攻击

由于 P2P 网络的泛洪机制，恶意节点发送大量数据时网络无法及时传输大量数据，极易引起网络瘫痪。网络传输扩展模型只对未接收到数据的节点发送数据，减少了网络中传输的数据量。同时，采用传输路径能追溯到第一个数据发送节点，可对节点发送数据的大小和频率进行限定。

4. 节点故障或恶意节点无响应

节点出现故障或恶意节点有意不响应其他节点的请求，导致正常节点无法获取数据或数据无法继续传输。结构化 P2P 网络通过更新邻节点（根据 6.5.1 节描述的内容）来确保节点与邻节点的正常通信，异常节点会被网络隔离。同时，网络传输扩展模型通过多个冗余节点传输数据（根据 6.4.3 节描述的内容），以保障数据传输的可靠性。

6.6.5 方案比较

本章提出的网络传输扩展方案通过附加传输路径数据，网络传输次数减少了约 66.7%，有效传输率提高了约 32.3%，提升了传输效率（根据 6.6.1 和 6.6.2 节的分析内容）。实验中每个层级传输增加大约 0.06MB 的数据量，但与总的区块传输时长相比，几乎不影响数据传输时长（根据 6.6.3 节的分析内容），可进一步结合其他方案，对交易数据结构进行优化，并对区块数据进行压缩，进一步减小区块数据的大小，从而减少传输数据量。该方案与其他网络传输扩展方案的对比见表 6-5。

表 6-5 本方案与其他方案的比较

方案	有效传输率	传输效率	传输数据量	传输次数
比特币 INV 机制	降低	提高	减少	增加
以太坊 NewBlockHashesMsg	降低	提高	减少	增加
EOS 区块链	提高	提高	不变	减少
极瘦区块	降低	提高	减少	增加
Txilm 协议	不变或降低	提高	减少	不变或增加
网络传输扩展方案	提高	提高	增加	减少

比特币的 INV 机制与以太坊 NewBlockHashesMsg 的消息传播方式类似，只发送区块哈希值，接着对请求区块数据的节点发送完整的区块数据，提高了传输效率。由于不需要向未请求区块数据的节点发送数据，减少了一定的传输数据量，但节点获取到区块数据的通信由 1 次发送变为最多 2 次（先发送哈希值，再由接收节点请求完整区块数据），网络传输次数增加了 1 倍，有效传输率最多降低了 50%。早期的 EOS 区块链系统中，由 21 个"超级节点"广播新区块数据，提高了传输效率，但降低了去中

心化程度。极瘦区块方案是发送节点对接收节点知晓的交易使用短哈希值，对接收节点不知晓的交易发送完整交易，从而减少了传输数据量，但同样增加了网络通信次数，降低了有效传输率。Txilm 协议只传输短哈希值，减少了传输数据量，但对于节点本地不存在的交易，需要再次请求交易，增加了网络通信次数。

6.7　本章小结

本章针对区块链系统中常用的结构化 P2P 网络传输进行优化，提出了一种网络传输扩展模型，该模型特点如下。

① 在传输数据中附加传输路径数据，数据接收节点根据传输路径过滤掉已被发送过数据的节点，不再向已被发送过数据的节点转发重复数据，并采用数据发送节点与数据接收节点间距离代替数据接收节点 ID 的方法，以减小传输路径数据的大小。

② 节点的邻节点均匀分布于存储邻节点 k 桶的不同分区。将存储邻节点的 k 桶按照 k 桶中存储节点数最大值分为多个区域，邻节点按照区域均匀分布，减少了传输层级，提升了传输效率，从而缩短了数据传输到网络中各节点的时长。

③ 同一层级的多个节点向同一目标节点发送数据时，由距离目标节点较近的多个节点发送数据，通过增加数据发送节点的冗余度确保目标节点能够接收到数据。

该模型设计构建了区块链系统网络传输的整个过程。其缩短了数据传输时长，提高了网络传输效率；降低了传输的冗余度，增加了传输的数据量、传输路径验证时间和节点查找时间，但对总的数据传输时长影响较小。该模型不仅适用于区块链系统的网络传输，还可用于 P2P 网络的数据传输优化。

下一步，笔者将在网络路径优化、网络传输仿真实验等方面开展相关工作，以进一步提高区块链网络的传输效率，并通过实验验证该模型的性能和优势。❶

---

❶ 基于本章提出的一种基于传输路径和邻节点分区存储的网络传输扩展模型，可参看笔者论文：A Scalable Blockchain Network Model with Transmission Paths and Neighbor Node Subareas[J]. Computing,2021,(3):1-25.

第 7 章　区块链的共识扩展

本章在对共识协议研究现状调研分析的基础上，进一步提出基于 PoW 共识的改进共识协议 PoW-BC。该协议采用交易优化、区块压缩及共识参数调整等方法提升共识效率，鼓励降低区块大小，以提高网络传输效率、减小存储区块数据的磁盘空间。通过交易优化和区块压缩方法，以较小的压缩比压缩区块数据，其压缩和解压缩时长都较短，并根据共识参数调整方法，利用区块压缩比调整 PoW-BC 共识协议的共识难度和交易数。PoW-BC 共识协议提高了交易吞吐量，缩短了出块间隔时长，降低了共识过程的能耗和成本。

7.1　共识机制

共识协议可以说是区块链与任何其他去中心化、分布式技术的支柱。在区块链系统中，为了让全网所有节点的区块数据尽可能地保持一致，通过设计所有节点都遵守的共识协议来解决一致性问题。常见的共识协议包括 PoW、PoS、DPoS、PBFT 等。

7.1.1 工作量证明 PoW

PoW 共识协议中,共识节点通过哈希计算,以达到特定的难度目标值,获取记账权。共识节点首先按照区块的数据结构将多笔交易打包成一个区块,通过不断改变区块数据结构中的 nonce 值,计算区块的哈希值,直到计算出的哈希值达到该区块的特定难度目标值,即完成了该区块的共识,该共识节点将获得一定数量的比特币作为节点参与 PoW 共识的奖励。

PoW 共识协议一般应用于公有链中,其典型应用是比特币区块链,通过共识节点的算力竞争保证区块链系统的一致性、安全性,其共识算法简单,较容易实现,且去中心化程度和安全性都较高,缺点是能耗大、成本高。有报道称,比特币在 2017 年消耗的电力相当于整个尼日利亚使用的电量,且呈不断增多的趋势。

7.1.2 权益证明 PoS

PoS 共识协议是根据所持有的代币数量多少,即权益大小,确定新区块生产者。其基本思想是相信拥有更多权益的人更愿意为维护区块链系统的稳定而作出合理的决策。

以太坊采用了 PoS 共识协议。PoS 共识协议避免了由于算力共识引起的大量资源浪费,缩短了共识时长。但其去中心化程度降低,更容易出现分叉,代币容易集中到少数人手中。参与 PoS 共识协议的代币持有人不需要为了维持网络运营而出售获得的代币,更倾向于增加持有的代币份额,以获取更多的收益和交易费用。

7.1.3 代理权益证明 DPoS

DPoS 共识协议中，代理节点完成区块打包，并获得一定的奖励，它们高效维护着区块链系统的运行，促进区块链项目的发展。代理节点由选举产生，任何一个持有代币的用户都可以参与投票和竞选代理节点，投票权重与持有代币的数量成正比。DPoS 共识协议选举代理人制度实现了一定程度的去中心化，同时，通过代理人打包区块又提高了系统运行效率，减少了能源消耗。

Bitshares 是最早应用 DPoS 机制的项目；EOS 项目采用了 DPoS+BFT 共识算法，早期有 21 个代理人节点。DPoS 共识协议更加快速安全，且能源消耗较小，但与 PoS 共识协议类似，同样存在区块链易分叉、代币分配等问题。

7.1.4 实用拜占庭容错算法 PBFT

PBFT 算法是在原始拜占庭容错算法基础上的优化，数据发送节点向主节点发起请求，主节点将该请求广播给区块链网络中的其他节点；节点完成预准备阶段、准备阶段和确认阶段三个阶段的共识，并将结果反馈给数据发送节点。数据发送节点在接收到来自 $2f+1$（f 为失效或被攻击节点数）个节点的相同响应后，即可确认达成共识。

PBFT 算法通常应用于联盟链，超级账本采用了该共识算法。该共识算法在保证区块链系统安全性和可靠性的前提下，允许存在小于三分之一节点的失效或被攻击，但网络节点通信复杂度高，节点增多时性能下降快，在网络不稳定时延迟也较高。

7.2 共识协议改进模型

7.2.1 共识协议研究现状与分析

不同的区块链系统可能采用不同的共识协议，如 PoW、PoS、DPoS、PBFT 等共识协议。比特币区块链采用了 PoW 共识协议，主要是通过共识节点的算力竞争保证账本数据的一致性，其主要缺点是能耗大、共识成本高，矿工们每秒要进行非常多次的哈希计算（2024 年最高达到 808 EH/s，即每秒 808 艾哈希），并且需要较长的最终交易确认时间和较低的交易吞吐量。

一些改进的方法被提出用于解决 PoW 共识协议存在的问题。约纳坦·索莫林斯基等人提出了 SPECTRE，它可以以任意大小的区块创建速率来运行，其交易在几秒钟即可确认。王缵等人根据个人信用风险评估模型，提出了一种基于信用模型的共识，并设计了该信用模型。[1] 约纳坦·索莫林斯基等人通过 GHOST 规则解决安全性问题，改进比特币区块链的节点网络构建，重新设计区块链组织方式，优化比特币核心分布式数据结构。[2] 张韧专注于 PoW 共识协议，并将一种基于 Markov 决策过程的强大方法扩展到多效用函数。[3]

---

[1] WANG Z,TIAN Y L,LI Q X,et al. Proof of Work Algorithm Based on Credit Model[J]. Journal on Communications,2018,39(8):185-198.

[2] SOMPOLINSKY Y,ZOHAR A. Secure High-Rate Transaction Processing in Bitcoin[C]. International Conference on Financial Cryptography and Data Security,Springer, Berlin,Heidelberg,2015,8975:507-527.

[3] ZHANG R. Analyzing and Improving Proof-of-Work Consensus Protocols[D]. Katholieke University Leuven,2019:219.

此外，在区块链系统运行的初始阶段，也有其他项目采用 PoW 协议。伊多·市托夫等人提出了 Proof-of-Activity（PoA）协议，它建立在比特币协议的基础上，将 PoW 协议与 PoS 协议相结合。[1] Proof-of-Stake-Velocity（PoSV）被提议作为 PoW 和 PoS 的替代方案，以保护 P2P 网络的安全性，并确认 Reddcoin 的交易。Reddcoin 是一种专门用于促进数字时代社会互动的加密货币。科斯蒂斯·卡拉提亚斯等人提出了 Proof-of-Burn（PoB）协议，它由一个生成加密货币地址的函数和一个检查地址的验证函数组成。[2] 然而，在这些共识协议中，PoW 仅用于在区块链的初始阶段实现 Token 分配。

本章提出一种基于 PoW 协议的改进协议 PoW-BC（Proof-of-Work-and-Block-Compression）共识协议，其采用交易优化和区块压缩方法减小区块数据大小，并调整共识参数，以提高 PoW-BC 共识协议的共识效率，降低共识能耗和成本。

7.2.2 基于区块压缩的共识协议

PoW-BC 共识协议是对 PoW 协议的一种改进，改进点主要包括交易优化、区块压缩、共识参数调整等，其共识模型如图 7-1 所示。

交易优化方法根据交易的数据结构，减少了每笔交易的数据量；区块压缩方法采用一种有效的数据压缩算法，使区块数据量更小；根据共识参数调整方法，将区块的共识难度和交易吞吐量调整为一个新的值，矿工使用各自调整的 PoW 参数构造新区块。

---

[1] BENTOV I, LEE C, MIZRAHI A, et al. Proof of Activity: Extending Bitcoin's Proof of Work via Proof of Stake[J]. Performance Evaluation Review, 2014, 42(3): 34-37.

[2] KARANTIAS K, KIAYIAS A, ZINDROS D. Proof-of-Burn[C]. International Conference on Financial Cryptography and Data Security, 2020, 12059: 523-540.

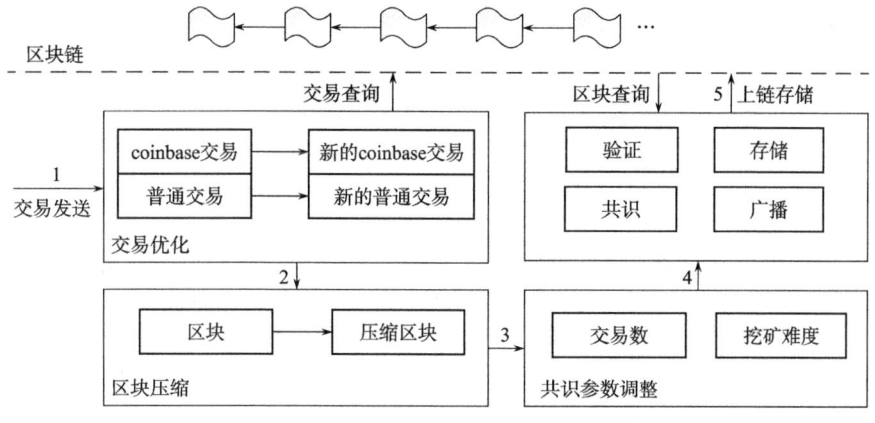

图 7-1 PoW-BC 共识模型

当新区块构建完成时，新区块被广播到 P2P 网络中的节点，每个接收到新区块的节点都会验证新的压缩区块，若新区块通过了节点的区块验证，则将其链接到区块链上。

7.3 共识协议改进模型构建

7.3.1 交易优化

在比特币区块链中，区块数据包括区块大小（4 字节）、区块头（80 字节）、交易计数器（1-9 字节）和交易列表等，其中前三项的数据量非常小，很难进一步优化。交易列表中的交易数量非常大，且每笔交易包含大量的信息，其中的一部分数据很容易从区块链的历史数据中获取，也有可能是不必要的。通过优化交易的数据结构，减少了交易的数据量。

比特币区块链中，存在普通交易和 coinbase 交易，每个区块中的第一笔交易固定为 coinbase 交易，分别对两种类型的交易进行优化，coinbase

交易的优化见表 7-1。

表 7-1 coinbase 交易优化

数据项	优化前大小	优化措施	优化后长度
交易输入数量	CompactSize	固定值 0x01,可删除	0B
前一笔交易输出哈希值	32B	所有位都为 0,可删除	0B
前一笔交易输出索引	4B	所有位都为 1,可删除	0B

coinbase 交易的输入数量、前一笔交易输出哈希值和前一笔交易输出索引都是固定值,它们没有任何特殊含义,因此可以删除它们。普通交易的优化见表 7-2。

表 7-2 普通交易优化

数据项	优化前大小	优化措施	优化后长度
前一笔交易输出哈希值	32B	替换为区块高度和交易索引	区块高度 1B 或 3B 或 5B;交易索引 1B 或 3B
前一笔交易输出索引	4B	设置为 CompactSize 类型	1B 或 3B

前一笔交易输出哈希值的长度为 32B,可以用区块高度和交易索引替换;前一笔交易输出索引的长度为 4B,可以设置为 CompactSize 类型,普通交易的长度减少了 25~33B。

在验证优化后的交易时,可以根据区块高度和交易索引从区块链中查询前一笔交易输出哈希值,区块中每笔交易都包括前一笔交易哈希值、发送方和接收方的地址等。使用坐标定位方法时可以用区块高度和交易索引表示前一笔交易哈希值。坐标定位方法如图 7-2 所示。

以太坊区块数据结构中 "Recipient" 的长度为 20B,比特币区块链的区块数据结构中 "PreviousOutputHash" 的长度为 32B, "PKScript" 中公钥散列的长度为 20B，在采用坐标定位方法后，这些字段的长度减小到 2~8B。当验证一笔优化后的交易时，这些字段值可以根据区块高度和交易索引从区块链中查询出来。

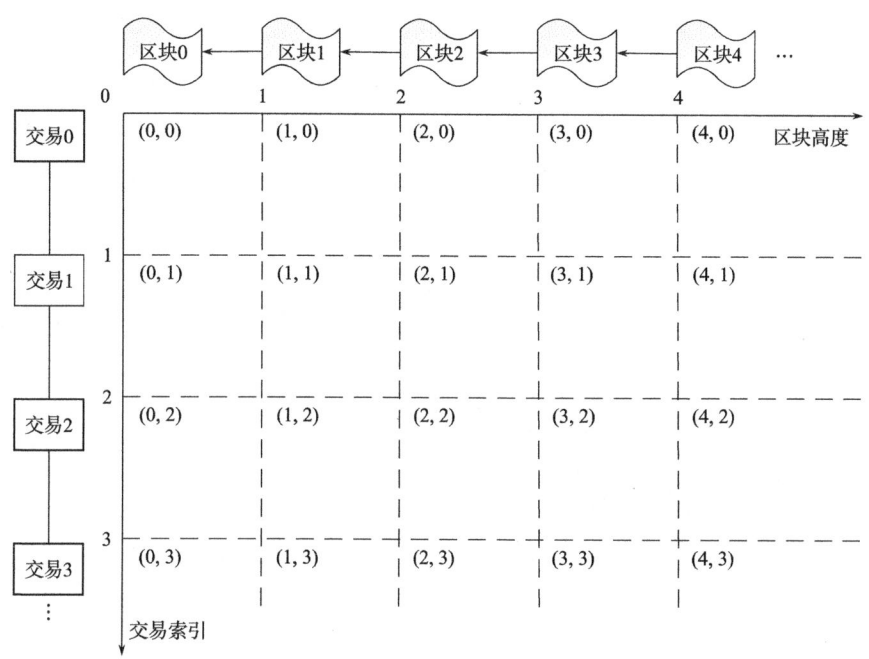

图 7-2 坐标定位方法示意图

7.3.2 区块压缩

区块压缩方法采用高效的数据压缩算法减小区块数据量大小。区块压缩的优点包括在 P2P 网络中传输更快、存储区块数据的磁盘空间更小等。与区块压缩方法相关的定义有以下四个。

1. 区块解压缩

区块解压缩是将压缩后的区块恢复为压缩前的区块，解压缩后的区块数据应与压缩前的区块数据相同，因此，需要采用无损压缩算法对区块数据进行压缩和解压缩。

2. 压缩比

压缩比定义为压缩后数据量大小与未压缩数据量大小之比，它是对采用数据压缩算法产生的数据相对减少值的一种度量。区块压缩比 $R_{\text{blockCompress}}$ 表示压缩后区块数据量大小 $S_{\text{blockCompress}}$ 除以未压缩区块数据量大小 S_{block}，如式（7-1）所示：

$$R_{\text{blockCompress}} = \frac{S_{\text{blockCompress}}}{S_{\text{block}}} \times 100\% \qquad (7-1)$$

3. 压缩时长与解压缩时长

压缩时长与解压缩时长为数据压缩和解压缩过程中花费的时间，它是衡量压缩算法效率的重要指标之一。压缩和解压缩时长越小，压缩效率越高。

4. 压缩算法

压缩算法是一种减少数据量的方法，其有多种不同的分类与类型，每种算法的工作方式、应用场景各不相同。有些算法在不同的应用场景下有不同的压缩效果，通过多种压缩算法的组合应用，压缩后的数据量一般会更小。

在实验中，分别用 deflate、gzip、lzw 和 zlib 算法对区块高度分别为 0、1、10 000、10 001、100 000、100 001、30 000、30 001、60 000、60 001 的 10 个比特币区块进行压缩，四种数据压缩算法的压缩比对比如图 7-3 所示。

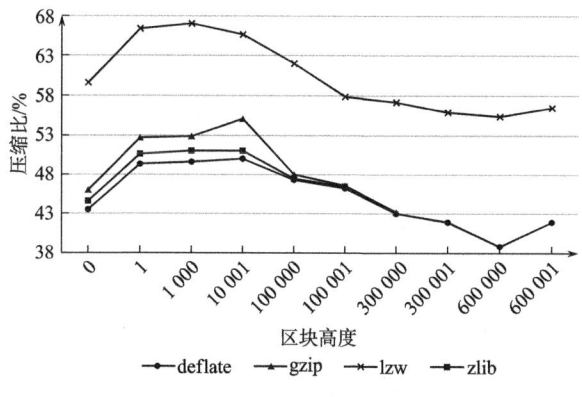

图 7-3 压缩算法的压缩比对比

deflate 算法是一种无损压缩算法,主要结合了 LZ77 算法和哈夫曼编码两种不同的算法。与 gzip、lzw、zlib 等压缩算法相比,deflate 算法具有更小的压缩比、更短的压缩和解压缩时长。本章将 deflate 算法作为区块压缩算法。

7.3.3 共识参数调整

在 PoW 共识协议中,每个矿工都具有相同的共识参数,算力是矿工能否挖出新区块的主要依据之一。在 PoW-BC 共识协议中,每个矿工可以根据区块压缩比调整共识参数,共识参数包括区块共识难度和区块包含的交易数量。

在区块大小限制为 1MB 的前提下,采用交易优化和区块压缩方法使区块包含更多的交易,尤其在比特币网络拥堵的情况下。

在共识参数调整方法中,区块压缩比越小,构造新区块越容易,共识难度和出块时间间隔也越小。调整后的共识难度 D_{adjusted} 如式(7-2)所示:

$$D_{\text{adjusted}} = D_{\text{base}} \times \frac{T_{\text{blockInterval}}}{T_{\text{baseBlockInterval}}} \tag{7-2}$$

其中，D_{base} 是调整前的共识难度，每生成 2 016 个区块周期计算一次。当区块链网络的算力提高时，共识难度也会增加，以保证平均出块时间间隔为 10min。比特币区块链的出块时间间隔 $T_{\text{baseBlockInterval}}$ 为 10min 左右，$T_{\text{blockInterval}}$ 是调整后的出块时间间隔，如式（7-3）所示：

$$T_{\text{blockInterval}} = T_{\text{const}} + T_{\text{transVerify}} + T_{\text{consensus}} \tag{7-3}$$

其中，T_{const} 是最小出块时间间隔，为固定值；$T_{\text{consensus}}$ 是完成 PoW-BC 共识的时长；$T_{\text{transVerify}}$ 是新区块广播到整个网络的传输时间和数据接收节点的验证区块时间之和。当 $T_{\text{transVerify}}$ 为 40s 时，超过 90% 的节点可以接收新区块；当出块时间间隔为 2.5min 时，未接收到区块的节点占比不会太大，这也是莱特币的出块时间间隔，所以 T_{const} 配置为 110s。

由于压缩区块包含更多的交易，因此需要更多的时间来验证交易，$T_{\text{transVerify}}$ 如式（7-4）所示：

$$T_{\text{transVerify}} = \begin{cases} 40 & (T_{\text{transVerify}} < 40) \\ \dfrac{T_{\text{baseTransVerify}} \times S_{\text{blockCompress}}}{R_{\text{blockCompress}}} & (T_{\text{transVerify}} \geq 40) \end{cases} \tag{7-4}$$

其中，$T_{\text{baseTransVerify}}$ 是在区块链网络广播 1MB 大小的新区块时，接收节点的数据传输时间和验证区块时间之和，如式（7-5）所示：

$$T_{\text{consensusAdjusted}} = T_{\text{consensus}} \times R_{\text{blockCompress}} \tag{7-5}$$

其中，$T_{\text{consensus}}$ 为共识参数调整之前的共识时间。根据式（7-2），式（7-3），式（7-5），D_{adjusted} 如式（7-6）所示：

$$D_{\text{djusted}} = D_{\text{base}} \times \frac{110 + T_{\text{transVerify}} + (490 - T_{\text{transVerify}}) \times R_{\text{blockCompress}}}{600} \tag{7-6}$$

从式中可以看出，D_{djusted} 比 D_{base} 小，因此压缩区块后，"矿工"更容易构造新的区块。

7.3.4 共识流程

以上交易优化、区块压缩和共识参数调整三种方法是 PoW-BC 共识协议的基础。PoW-BC 共识流程如图 7-4 所示。

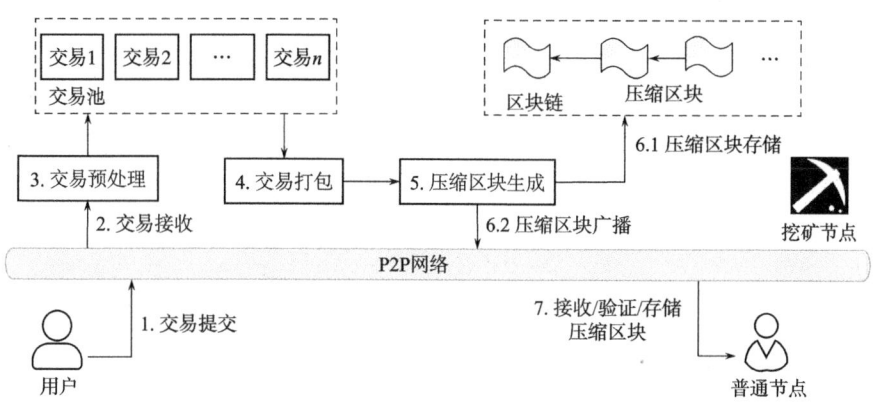

图 7-4 PoW-BC 共识流程

用户提交交易后，节点接收此交易，共识节点对交易进行预处理，放入内存池当中（所有有效交易等待比特币网络确认），共识节点对多笔交易进行打包并压缩区块数据，完成共识后构造出新的区块；已打包到该新区块中的交易从内存池中删除，节点将新生成的区块向 P2P 网络中的各节点广播，区块接收节点验证接收到的新区块，验证通过后，将新区块链接到区块链上。

PoW-BC 共识过程包括交易预处理、交易打包、区块生成、区块验证和存储。

1. 交易预处理

每笔合法交易都向 P2P 网络中的各节点广播，数据接收节点对交易数据进行验证和优化，并将其放入内存池中等待确认，具体步骤如下。

① 交易验证。当节点接收到一笔交易时，共识节点首先验证交易数据的有效性。节点在内存池中保存了待确认的交易记录，当用户提交一笔新交易时，节点执行交易合法性检查以确保该交易的有效性。比特币区块链中的 Forth-like 脚本系统对交易签名脚本和公钥脚本进行检查，进一步根据公钥脚本验证交易输入，交易在验证通过后广播到共识节点的邻节点。

② 交易优化。采用交易优化方法对交易进行进一步处理，再将优化之后的交易放入内存中等待确认。

交易预处理在 PoW-BC 共识之前完成，因此不会增加共识时间。

2. 交易打包

共识节点接收到一个新区块后，开始构造下一个新区块，需要打包内存中等待确认的交易，交易打包和区块压缩如图 7-5 所示。

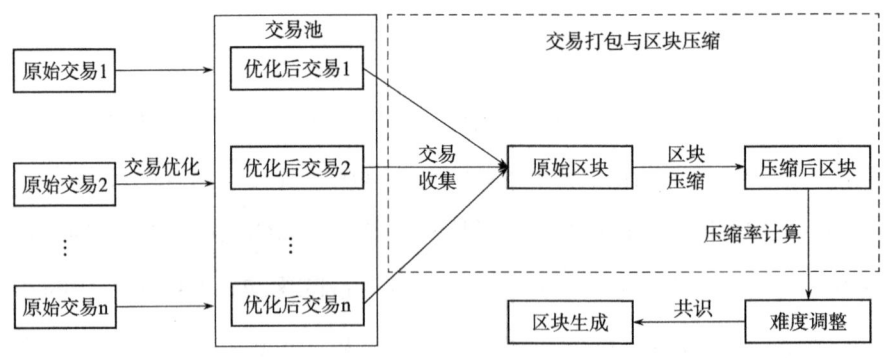

图 7-5 交易打包和区块压缩

交易打包和区块压缩流程如下所示。

① 交易收集。前一个区块中已经包含的交易应从内存池中删除。一般来说，矿工更愿意选择交易费更高的交易，并收集更多的交易。包含交易的区块数据量不能超过区块的最大大小。

② 区块压缩。初步打包完成的区块包含了很多交易，但还没有正确

的 nonce 和时间戳。根据第 7.3.2 节的描述，采用区块压缩算法可将区块数据压缩得更小。

③ 区块压缩比计算。第 7.3.2 节定义的压缩比是 PoW-BC 共识协议的一个重要指标，其数值可按式（7-1）计算。采用区块压缩方法可以将更多笔交易打包到一个区块中。

3. 区块生成

区块生成过程包括共识难度调整、PoW-BC 共识过程及新区块广播。根据第 7.3.3 节式（7-4）和式（7-6）调整共识难度，矿工根据调整后的共识参数进行共识，直到计算出正确的 nonce。新区块产生后被广播到区块链 P2P 网络中。

PoW-BC 共识过程如算法 7-1 所示。

算法 7-1:PoW-BC 共识过程

输入:rCompression： 区块压缩比

输出:result： 共识结果

// 获取调整后的共识难度

1: dAdjusted ← GetDifficulty(rCompression)

// 根据调整后的共识难度计算目标哈希值

2: hashTarget ← GetTargetHash(dAdjusted)

// 初始化参数 nonce、timestamp、miningFlag 值

3: nonce ← -1

4: timestamp ← GetNowTimestamp()

5: miningFlag ← false

// 开始 PoW 共识计算

6: for i=0; i<maxNonce; i++

// 接收到其他矿工完成了本次共识的新区块

7:　　receivingBlock ← SubscribeNewBlock()

// 验证接收到新区块,若验证通过则结束本次共识;若验证不通过则继续本次共识

8:　　if receivingBlock ! = null && IsValidBlock(receivingBlock)

9:　　　　return false

10:　　end if

// 使用一个新的值进行哈希计算

11:　　nonce ← i

12:　　timestamp ← GetNowTimestamp()

13:　　hash ← GetBlockHash(blockData,nonce,timestamp)

// 成功完成 PoW 共识

14:　　if hash <= hashTarget

15:　　　　miningFlag ← true

16:　　　　break

17:　　end if

18:　end for

// 共识失败

19:　if miningFlag == false

20:　　return false

21:　else

// 更新区块的 nonce、timestamp 值

22:　　newblock ← UpdateBlock(blockData,nonce,timestamp)

```
   // 广播该新区块
23:    BroadcastBlock(newblock)
   // 本地节点存储该新区块
24:    StoreBlock(newblock)
25: end if
26: return true
```

PoW-BC 共识主要过程分为三个阶段：第一阶段是初始化过程，根据区块压缩比计算共识难度；第二阶段为 PoW 共识过程，通过不断更换 nonce 和时间戳，计算哈希值，以达到目标哈希值；第三阶段为完成共识后，广播并存储新区块。节点共识过程中，如果接收到另一个矿工构造的新区块，在验证新区块通过后，共识节点将停止此轮共识，并迅速开始下一轮共识。该算法循环 n 次计算区块哈希值，其时间复杂度为 $O(n)$。

4. 区块验证和存储

新区块被广播到区块链 P2P 网络中，由区块接收节点进行验证。若新区块通过了验证，则被节点存储到节点本地，链接到区块链上，并广播给区块接收节点的邻节点。区块验证和存储如算法 7-2 所示。

算法 7-2：区块验证和存储

输入：blockData： 新区块数据

输出：result： 区块验证结果

```
   // 采用区块压缩模型解压区块
1: blockItem ← DecompressBlock(blockData)
   // 验证共识难度
2: if IsValidDifficulty(blockItem.rCompress)= = false
```

```
3:      return false
4:  end if
// 验证区块头
5:  if IsValidBlockHeader(blockItem.header)==false
6:      return false
7:  end if
// 验证区块中所有交易
8:  for i=0; i<blockItem.TxCount; i++
    // 验证每笔交易
9:      if IsValidTx(blockItem.Tx[i])==false
10:         return false
11:     end if
12: end for
// 广播该区块
13: BroadcastBlock(blockData)
// 本地节点存储该区块
14: StoreBlock(blockData)
15: return true
```

与 PoW 共识协议相比，PoW-BC 共识协议的区块验证和存储有更多的步骤，需要对压缩区块进行解压缩，再根据式（7-1）的区块压缩比验证共识难度；如 7.3.1 节所述，在每笔交易的验证过程中，需要按区块高度和交易索引查询前一笔交易输出哈希值，并对前一笔交易输出进行验证。该算法循环验证区块包含的 n 笔交易，其时间复杂度为 $O(n)$。

7.4 实验分析

7.4.1 实验设计

通过实验对 PoW-BC 共识协议的性能、安全性、效率等进行评估，采用 Golang 编程语言实现 PoW-BC 共识的原型系统，选择 deflate 算法作为区块数据的压缩和解压缩算法，随机选取不同高度的比特币区块作为实验数据。实验区块见表 7-3。

表 7-3 实验区块

区块高度	交易数/次	区块大小/B	共识难度
100 000	4	957	14 484.16
100 001	12	3 308	14 484.16
200 000	388	247 533	2 864 140.51
200 001	32	11 068	2 864 140.51
300 000	237	128 810	8 000 872 135.97
300 001	512	241 334	8 000 872 135.97
400 000	1 660	948 994	163 491 654 908.96
400 001	1 298	979 159	163 491 654 908.96
500 000	2 701	1 048 581	1 873 105 475 221.61
500 001	2 645	1 066 602	1 873 105 475 221.61
600 000	1 925	870 371	13 008 091 666 971.90
600 001	505	196 097	13 008 091 666 971.90
622 950	1 590	1 145 300	13 912 524 048 945.90
622 951	1 507	1 056 590	13 912 524 048 945.90

在实验中评估不同的区块链指标，包括压缩和解压时长、交易吞吐量、共识难度与能耗，并分析其安全性。

7.4.2 压缩和解压缩时长

压缩和解压缩时长是评价压缩算法效率的重要指标之一。压缩和解压缩时长越短，其压缩算法效率越高。压缩区块需要被解压缩，以便节点验证区块，因此解压时长越短越好。压缩时长与解压时长分析如图 7-6 所示。

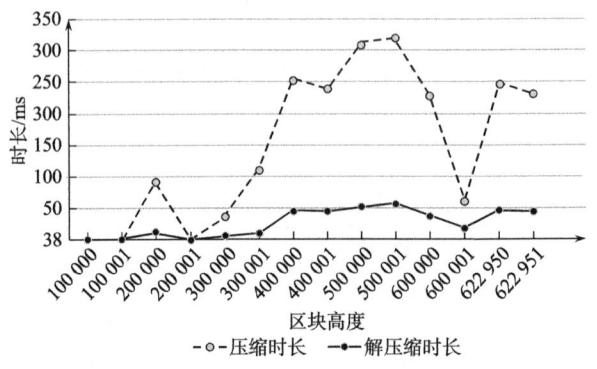

图 7-6　压缩时长与解压时长

由于各区块包含交易等数据的不同，其压缩与解压缩时长也略有差异，但基本都在一个比较小的范围之内。根据图 7-6 中的实验结果，区块压缩时长在 0~320ms，解压缩时长在 0~57ms，与比特币区块链的平均出块时间间隔 10min 相比，区块压缩时长和解压缩时长都可忽略不计。

7.4.3 交易吞吐量

交易吞吐量是衡量区块链系统性能的主要指标之一，以区块链系统每秒处理的最大交易数量来表示。交易吞吐量 N_{tps} 如式（7-7）所示：

$$N_{\text{tps}} = \frac{S_{\text{block}}/S_{\text{tx}}}{T_{\text{blockInterval}}} \quad (7-7)$$

在共识参数调整前,交易的平均大小 S_{tx} 为 250 个字节,平均出块时间间隔 $T_{\text{blockInterval}}$ 为 10min,因此比特币区块链的 N_{tps} 如式(7-8)所示:

$$N_{\text{tps}} = \frac{1\,024 \times 1\,024/250}{600} = 6.99\text{tps} \approx 7\text{tps} \quad (7-8)$$

共识参数调整后,平均交易压缩比 $R_{\text{txCompress}}$ 为 34.81%,平均出块时间间隔为 308.73s,因此比特币区块链的 N_{tps} 如式(7-9)所示:

$$N_{\text{tps}} = \frac{1\,024 \times 1\,024/(250 \times 34.81\%)}{308.73} = 39.03\text{tps} \approx 39\text{tps} \quad (7-9)$$

采用 PoW-BC 共识协议的比特币交易吞吐量是 PoW 共识协议的 5.6 倍。

7.4.4 共识难度与能耗

根据式(7-2),共识难度与出块时间间隔成正比,出块时间间隔及共识难度调整比如图 7-7 所示。

共识难度调整后的出块时间间隔为 287.39~339.73s,平均出块时间间隔为 308.73s。调整前后的共识难度比为 47.90%~56.62%,平均共识难度调整比为 51.46%。出块时间间隔越小,在一定的时间段内产生的区块就越多。

在 PoW 共识协议中,P2P 网络中的所有共识节点需要通过哈希计算找到一个 nonce 来构造新区块。该过程消耗了大量的资源,构建区块功耗 $N_{\text{powerConsumption}}$ 如式(7-10)所示:

$$N_{\text{powerConsumption}} = \frac{N_{\text{hashRate}} \times N_{\text{powerPerHash}}}{N_{\text{btcPerHour}}} \quad (7-10)$$

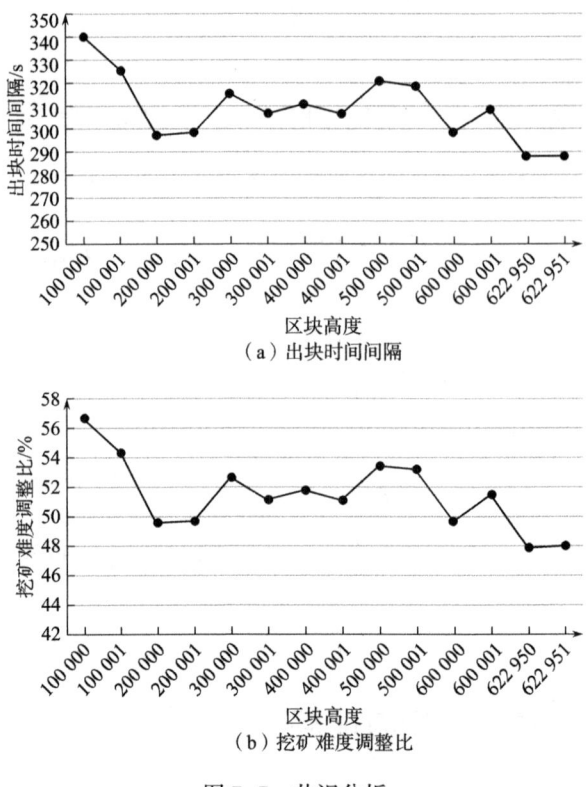

图 7-7 共识分析

其中,$N_{hashRate}$ 是比特币区块链整个 P2P 网络中的算力之和,$N_{powerPerHash}$ 是每次哈希计算的功耗,$N_{btcPerHour}$ 是每小时生成比特币的数量。

bitcoinblockhalf.com 统计结果显示,截至 2020 年 4 月 30 日,比特币每天产生的数量为 1 800 个,算力为 110.25 Exahshes/s。以 Bitmain Technology Holding Company 生产的 Antminer S19 Pro 为例,它的算力为 110 次/s,其功率为 3 250W。构造一个新区块的功耗 $N_{powerConsumption}$ 如式 (7-11) 所示:

$$N_{powerConsumption} = \frac{110.25 EH/s \times \frac{3\,250W}{110TH/s}}{(1\,800 \text{个}/24h)} = 43\,432 kWh/\text{个} \quad (7-11)$$

采用 PoW-BC 共识协议,$N_{hashRate}$ 和 $N_{powerPerHash}$ 的值不变,但 $N_{btcPerHour}$

因出块时间间隔变小而变大,根据共识难度的分析,平均出块时间间隔为308.73s,出块时间间隔降至51.46%(308.73/600),能耗也降至51.46%。

此外,由于交易压缩,交易数据量减小,交易费也会降低。一般来说,交易费与交易数据的字节大小相关,每1KB需要0.0001BTC的费用(交易数据量小于1KB时按1KB计算)。根据7.4.5节所述,交易平均压缩比为34.81%,交易费也降至原来的34.81%。

7.4.5 安全性分析

以下列举了采用PoW-BC共识协议时,几种可能的攻击向量及其解决方案。

1. 空块攻击

数据压缩比是评价压缩算法性能的指标之一。数据压缩比越小,压缩之后的数据量越小。实验中采用交易优化和deflate压缩算法对随机选取的区块进行压缩,区块压缩比分析如图7-8所示。

交易优化后,区块压缩比为85.73%~90.43%;进一步采用压缩算法进行区块压缩后,区块压缩比为30.53%~42.16%。交易的平均压缩比$R_{txCompress}$是所有交易压缩比之和与以区块为单位的交易总数之间的比值,如式(7-12)所示:

$$R_{txCompress} = \frac{\sum_{r=1}^{N_{block}} N_{tx}(r) \times R_{blockCompress}(r)}{\sum_{r=1}^{N_{block}} N_{tx}(r)} \times 100\% \qquad (7-12)$$

其中,N_{tx}是区块中包含的交易数量;N_{block}为区块数量。实验结果表明,该方法的压缩比为34.81%。由于采用了区块压缩,用于存储区块的磁盘空间减小了，区块存储的平均压缩比 $R_{\text{storageCompress}}$ 是压缩后和压缩前所存储的区块数据大小之比，如式（7-13）所示：

$$R_{\text{storageCompress}} = \frac{\sum_{r=1}^{N_{\text{block}}} S_{\text{blockCompress}}(r)}{\sum_{r=1}^{N_{\text{block}}} S_{\text{block}}(r)} \times 100\% \qquad (7-13)$$

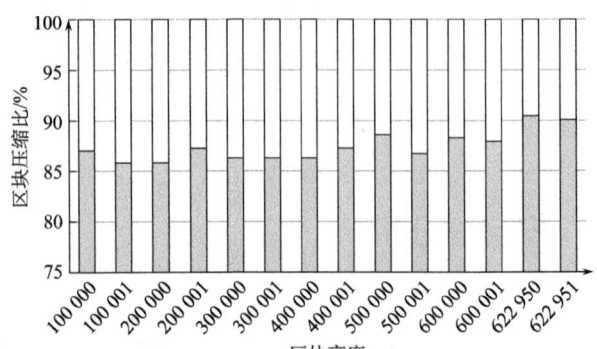
（a）采用交易优化后区块压缩比

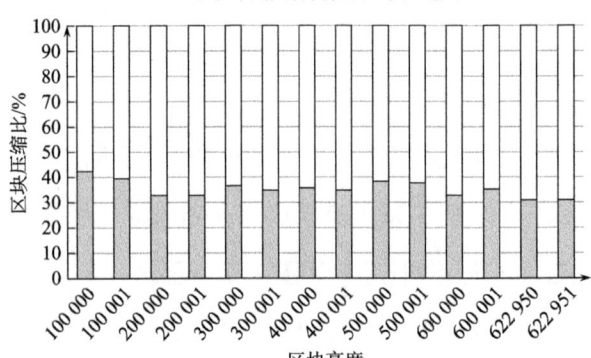
（b）采用压缩算法后区块压缩比

图 7-8　区块压缩比

区块存储的平均压缩比为压缩区块数据量大小与未压缩区块数据量之比。实验结果表明，区块存储压缩比为 34.28%。截至 2020 年 4 月 30 日，比特币区块链的区块数为 628 220 个，区块数据大小为 320GB，采用该方法后，全节点仅需 110GB 磁盘空间即可存储所有区块数据。

由以上分析可知，在 PoW-BC 共识协议中，区块的压缩比与区块数据的大小无关，空区块的压缩比并不比包含更多交易的区块压缩比小，因此出块时间间隔不受区块包含的交易数量的影响。

当一个新区块构造完成时，"矿工"可以获得一笔共识奖励。"矿工"可以选择将更多的交易打包到区块中，而且不会增加任何额外的工作量，反而能从这些交易中获得一些交易费。由于"矿工"没有理由舍弃更多的交易费收益，一般"矿工"都会尽可能将更多的交易打包到区块中，以获取更多的交易费。

2. 缩短出块时间间隔的安全性分析

采用改进共识协议的出块时间间隔更短，平均时长为 308.73 秒。根据 7.3.3 节的内容，系统配置了最小出块时间间隔和区块传输验证时间，即在不小于该时间时，不影响区块链系统的安全性。

PoW-BC 协议缩短了出块时间间隔，因此比 PoW 共识协议更容易出现区块分叉，而区块分叉会导致资源浪费。在 PoW-BC 共识协议中，共识节点构造出新区块时会广播新区块，同时节点向邻节点定时请求新区块，以降低区块分叉的风险。发生区块分叉时，有两种状态：区块链的分叉链区块高度不同时，仍遵循以最长链为主链的原则；若分叉链区块的高度相同，则比较分叉链最新区块的压缩比，以压缩比小的最新区块所在的链为主链。

3. 51% 攻击

51% 攻击一般是一组矿工对区块链系统发起的攻击，他们控制着全网超过 50% 的共识算力。这是对采用 PoW 共识协议的区块链（如比特币区块链）常见的一种攻击方式之一。

在 PoW 共识协议中，如果矿工控制了区块链网络 50% 以上的共识算力，便可对区块链系统发起 51% 的攻击。但在 PoW-BC 共识协议中，即使一组矿工控制了全网络 50% 以上的共识算力，也无法发起 51% 的攻击，因为每个矿工打包的新区块中包含的交易数量和顺序各不相同，区块压缩比也会不一样，这是对共识难度的微调，在一定程度上削弱了共识算力的权重。

4. 区块压缩比攻击

区块压缩比攻击是当矿工构造新区块时，使用错误的或伪造的区块压缩比造成的。根据 7.3.4 节的描述，区块接收节点会验证新区块，若未通过验证，则不会被节点链接到区块链中，也不会被广播给区块接收节点的其他邻节点。

7.4.6 方案比较

根据 7.4.1 节实验设计，PoW-BC 共识的实验结果分析见表 7-4。

表 7-4　PoW-BC 共识的实验结果分析

指标项	比特币 PoW 共识	PoW-BC 共识	改进大小
区块平均大小	1MB	0.34MB	34.28%
交易吞吐量	7tps	39tps	5~6 倍
能耗	43 432kWh	22 350kWh	51.46%
平均出块时间间隔	600s	308.73s	51.46%
安全性	较高	继承 PoW 共识安全性	—

PoW-BC 方案的区块压缩比为 30.53%~42.16%，平均压缩比为 34.28%（根据 7.4.5 节的分析内容），减少了节点存储区块数据的磁盘空间和网络传输时长，提升了扩展性；交易吞吐量同比提高 5~6 倍（根

据 7.4.3 节的分析内容），因根据区块数据压缩比调整了共识难度，能耗和出块时间间隔均降至 51.46%（根据 7.4.4 节的分析内容），区块链系统整体性能提升；共识机制继承了 PoW 共识的高安全性，并根据压缩比对共识难度进行微调，在一定程度上削弱了共识算力的权重（根据 7.4.5 节分析内容）。

在设计 PoW-BC 共识时，充分考虑了去中心化、安全性、可扩展性及能耗等。PoW、PoS 和 DPoS 是区块链项目中常用的主要共识协议，将 PoW-BC 共识与其他共识方案进行比较，具体分析如下。

1. 与 PoW 共识协议的比较

去中心化。共识算力较大的矿工团队、矿池等降低了 PoW 去中心化的程度。PoW-BC 共识根据区块压缩比调整共识难度，弱化共识算力的权重。

可扩展性。由于采用交易优化和区块压缩方法，PoW-BC 方案中存储区块数据的磁盘空间更小，共识周期更短，交易吞吐量更大。

安全性。由于需要较高的攻击成本，PoW 共识具有更高的安全性，而 PoW-BC 共识继承了 PoW 共识的高安全性。

能耗。PoW 共识的主要缺点是能耗大、成本高。PoW-BC 共识根据压缩比降低了共识难度，其能耗也随着共识难度的降低而降低。

2. 与 PoS 和 DPoS 的比较

在 PoS 和 DPoS 共识协议中，避免了由于算力共识引起的大量资源浪费，缩短了共识时长，对 P2P 网络中节点的性能要求也较低，但 PoS 和 DPoS 共识降低了去中心化程度，区块链系统更容易出现分叉。

交易优化和区块压缩方法也可应用于 PoS 和 DPoS 共识协议当中，权益值可以根据区块压缩比等参数进行调整,从而提升 PoS 和 DPoS 的去中心化程度。

7.5 本章小结

本章针对 PoW 共识协议存在能耗大、成本高等缺点,提出基于 PoW 共识协议的改进共识协议 PoW-BC。其利用交易优化和区块压缩方法,以较小的压缩比对区块数据进行压缩。其压缩和解压缩时长都较短,并在共识参数调整方法中,采用区块压缩比调整 PoW-BC 共识参数,对 PoW 共识协议进行改进。该方法增加了数据压缩和解压缩时长,但对总的共识时长影响较小。PoW-BC 共识协议在保证区块链安全可靠的前提下,提高了交易吞吐量和传输效率,减少了存储区块数据的磁盘空间、出块时间间隔和共识能耗。[1]

---

[1] 基于本章提出的区块链扩展架构和 PoW 的区块压缩改进共识协议,可参看笔者论文:PoW-BC:A PoW Consensus Protocol Based on Block Compression[J]. KSII Transactions on Internet and Information Systems,2021,15(4):1389-1408.

第8章　区块链的应用扩展

本书前几章提出的区块链扩展模型中，数据存储扩展模型降低了节点的存储压力；网络传输扩展模型加快了 P2P 网络中数据的传输速度，缩短了数据的传输时长；改进的 PoW 共识协议缩短了交易确认时间，提升了共识效率。综合运用这些区块链扩展模型，本章提出一种区块链扩展架构，为区块链技术应用于实际场景确定了总体框架。

区块链技术应用于信息化系统的实际场景过程中，因其不可篡改、可追溯等特性解决了传统信息化系统存在的信任、溯源等问题，但在数据管理、数据查询等应用方面仍然存在检索效率不高、不支持 SQL 标准、数据关系管理支持性差、数据结构扩展性低等亟须改进之处。这些问题的存在限制了区块链技术在各行业领域的广泛应用。本章重点研究基于区块链扩展的应用总体结构及结构化业务数据的去中心化管理。通过区块链网络节点间的数据通信，各节点仅需存储部分数据，由此提升了数据存储的扩展性。区块链应用扩展方法实现了数据管理的去中心化，充分利用了节点的网络资源，减轻了节点的存储压力，提升了数据查询管理效率，进一步促进了区块链技术在信息化系统中的应用。

8.1 区块链技术应用的背景

8.1.1 区块链应用的研究现状

近年来,将区块链技术应用于信息化系统的实际场景以及基于区块链技术的业务数据管理等研究已在国内外诸多研究机构开展。ChainSQL 系统提出了一种基于区块链技术的数据库系统,在不改变原有系统整体结构的前提下,在逻辑层与数据层之间加入区块链,使对数据库的所有操作记录不可更改但可追溯,并与传统基于关系型数据库的信息化系统的对接比较方便。BigChainDB 是一种基于分布式数据库开发的去中心化数据库,但其运行方式与区块链系统不同,仍然是一种基于中心化管理的去中心化存储系统,而区块链仅是为了更好地维护数据的安全性。EtherQL 是将区块链数据经过结构化处理,存储到外部数据库系统中,并通过数据库实现检索等数据应用功能。该方法对原有的区块链系统侵入性小,是在区块链系统之外实现数据检索等应用,并提供丰富的 API 接口。LS4BUCC 是一种低开销的区块链存储架构,主要包括语义信息模板机制(将原始数据转换为关键词)、滞后数据切片机制(将区块链账本划分为多个切片)以及历史数据归档机制(将低价值数据存储到中心数据库)。Genaro 项目实现了用户的安全存储设置功能,用户能够检索数据并获取数据,但该项目主要是对文件数据的存储与应用。2017 年,腾讯公司发布了企业级的区块链平台,其底层采用的 TrustSQL 存储系统支持 SQL 标准,并为上层应用提供 API 接口,但对 SQL 语句的支持比较有限,且不支持用户自定义字段。王千阁等人在表 8-1 中展示了现有主流区块链系统的底层存储系统及其对关系型数据管理的支持性。[1]

表 8-1 现有区块链系统的底层存储系统总结

系统	使用的数据存储系统	区块链中存储的数据	对关系型数据的支持	对关系型查询的支持
比特币区块链	BerkleyDB/ LevelDB	用户数据	否	否
以太坊	LevelDB	用户数据	否	否
超级账本	LevelDB/ couchDB	用户数据	否	否/是
Stroj	LevelDB	元数据	—	否
Filecoin	LevelDB	元数据	—	否
BigchainDB	rethinkDB/ MongoDB	元数据	—	是

综合以上各种解决方案，可分为外联数据库和内置索引两类方法。外联数据库方法是将业务数据存储到外部数据库中，同时将数据的唯一标识（如数据哈希值）存储到区块链上，其优势是易实现且具有较高的查询效率和丰富的查询功能。内置索引方法是针对具体业务数据检索的需求，创建对应的内置辅助索引，再通过内置索引定位到具体的数据键值，即通过两次查询实现特定的业务数据检索功能。

应用扩展解决方案主要是在区块链技术的基础上，考虑信息化系统的数据检索性能、业务数据的一致性与容错性、数据结构与数据类型的可扩展性等需求。

8.1.2 区块链技术应用的分析

现有的大多数信息化系统一般都采用关系型数据库实现对业务数据的管理和应用，其对数据的检索效率、数据结构的扩展、数据关系的管理等

---

[1] 王千阁,何蒲,聂铁铮,等.区块链系统的数据存储与查询技术综述[J].计算机科学,2018,45(12):12-18.

要求较高。区块链技术应用于信息化系统实际场景过程中，存在的挑战主要体现在以下四个方面。

1. 检索效率不高

一般的区块链系统，其底层的数据存储采用的是基于键值对的存储系统。而对于信息化系统，数据检索是比较常用的功能。区块链系统现有底层数据存储系统的读数据性能限制了数据检索速度，降低了数据应用的效率。例如，以太坊底层的数据存储系统使用的是 LevelDB，这是一种写入性能很高的数据存储系统，但以太坊的实际交易写入量为 7~15 笔/s，比特币区块链支持大约 7 笔/s 的交易吞吐量，LevelDB 高写入性能并没有充分发挥其优势。随着区块链区块的不断增长及应用的不断增加，对区块数据检索的频率越来越高，检索速度要求也越来越高。

2. 不支持 SQL 标准

区块链系统中基于键值对的数据存储系统，仅支持基于 Key 值的数据管理功能，且不支持 SQL 标准。对已习惯于使用关系型数据库的信息化系统开发人员，开发体验性较差，成本高，难以满足实际应用的需求。

3. 数据关系管理支持性差

对于信息化系统，业务数据之间一般有较强的相关性。一个业务需求一般涉及多张数据表的关联操作，区块链系统的非关系型数据存储系统无法很好地表达信息化系统的业务数据关系。

4. 数据结构和数据类型扩展性低

一般的信息化系统在数据库设计时，可根据业务的需求，设计数据结构、数据类型等，但区块链系统现有的数据存储系统很难实现用户自定义字段的管理，难以为信息化系统提供有效支持，无法满足个性化业务数据的管理。

因此，将区块链技术应用于信息化系统需要改进数据管理方式，以保证业务数据管理的高效性和使用效率。

8.2 区块链技术应用的方式

随着区块链技术的不断成熟以及信息化系统在信任、溯源、去中心化、不可篡改等方面的需求，越来越多的信息化系统已经在使用区块链技术。现有基于区块链技术的应用一般是采用业务数据锚定到区块链和基于智能合约的 DApp 等方式。

8.2.1 业务数据锚定区块链

业务数据锚定区块链是将业务数据仍然存储在原有的信息化系统数据库中，但同时将需要上链的数据存储在区块链，并将对应存储业务数据的链上信息（区块高度、交易哈希值等）存储在数据库系统中，以便在区块链系统中快速查询或校验，从而保护了数据库系统中的业务数据。通过数据库系统中数据与链上数据（或数据哈希值）的比较，能够校验数据的真实性，并在数据库中存储的数据丢失或被篡改时，能够从链上获取和恢复数据。该方式对原有信息化系统的侵入性较小，但大部分业务数据的操作是在数据库系统中进行的，区块链系统只是为了进一步保障业务数据的安全可靠，未真正实现业务数据管理的去中心化。业务数据锚定到区块链的应用架构如图 8-1 所示。

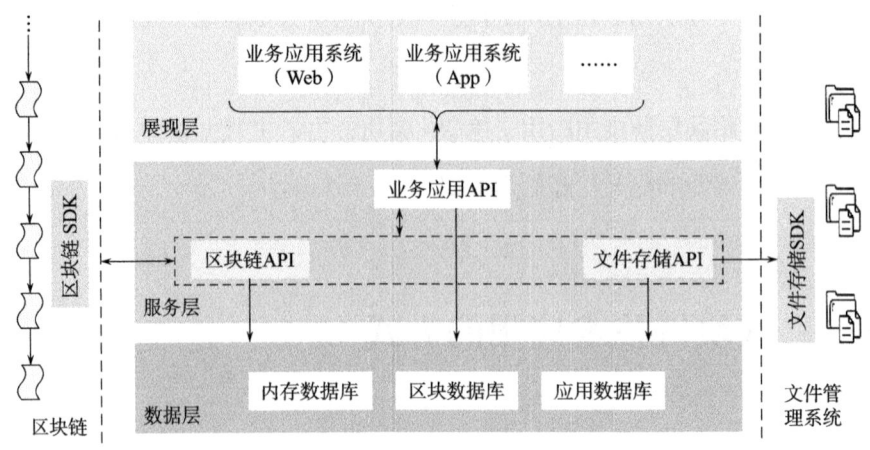

图 8-1　业务数据锚定区块链的应用架构

业务数据锚定到区块链的应用架构后，信息化系统服务层提供区块链 API，封装对区块链的所有操作，同时将对区块链操作的数据缓存到数据库中，以提高对区块链数据的管理效率，其功能与外联数据库类似。业务应用 API 在原有对业务应用数据库进行相关业务管理操作的同时，进一步调用区块链 API，实现业务数据的存证、溯源、校验等区块链服务。对于信息化系统中的非结构化数据的管理，采用分布式文件存储方案（如 IPFS 等），文件存储 API 封装文件存储 SDK，提供非结构化数据在文件存储系统的上传存储、下载、文件校验等服务，同时将非结构化数据存储的信息（访问地址、文件大小等）保存到业务应用数据库系统中，方便为业务应用提供高效的查询方式。数据层包含内存数据库、区块数据库、应用数据库等，主要实现各类数据的存储和管理等功能。展现层仍按照原有的信息化系统流程调用业务应用 API。

8.2.2　基于智能合约的 DApp

基于智能合约的 DApp 通过区块链的智能合约代码实现主要的业务逻

辑功能，采用不同语言的区块链 SDK 调用部署在区块链上的智能合约，实现 DApp 的展现功能。为了提高 DApp 的性能，部分数据（如统计数据、缓存数据等）仍然采用中心化管理方式。另外，DApp 展现层一般仍为中心化 Web 应用。部署到区块链上的智能合约是无法篡改且公开透明的，因此智能合约的安全性备受关注，其业务数据操作的性能等方面仍有改进的空间。基于智能合约的 DApp 架构如图 8-2 所示。

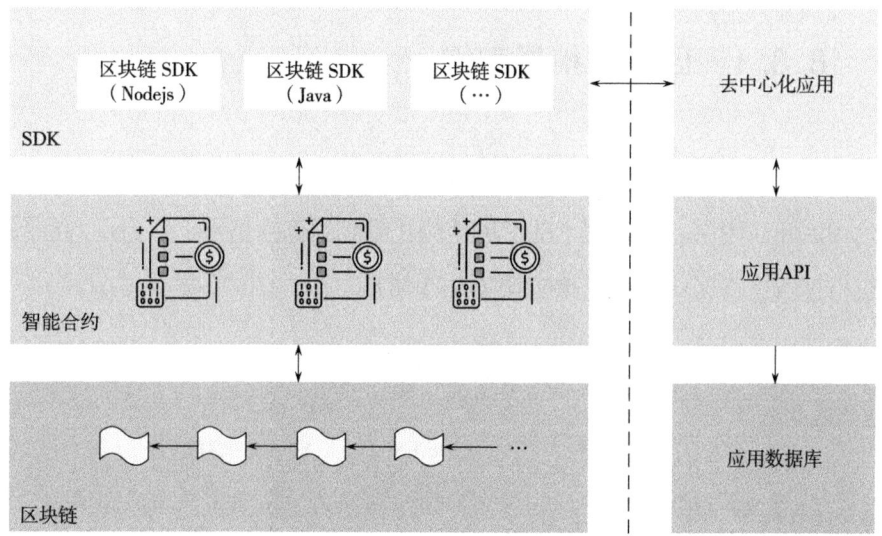

图 8-2 基于智能合约的 DApp 架构

基于智能合约的 DApp 架构中，智能合约实现了应用的主要业务逻辑，区块链提供不同语言的 SDK 实现对区块链交易、智能合约的创建和调用操作。去中心化 DApp 展现层实现了可视化操作界面，方便用户直观操作、调用 SDK，实现对智能合约中业务逻辑方法的调用。基于智能合约 DApp 的典型应用有加密猫（CryptoKitties）、EOS Knights 等。目前，DApp 主要是应用在金融、游戏等领域。

区块链技术的产业化应用已经得到了广泛推广，产生了一系列基于区块链的应用系统，如基于区块链的档案管理系统、基于区块链智能合约的物联网数据资产化管理系统、基于区块链的科研成果预发布平台等。这些系统为信息化系统应用区块链技术积累了丰富的经验，为区块链技术应用的场景、方式、效果等数据分析提供了原型系统的基础。

8.3 区块链技术应用架构设计

8.3.1 区块链扩展架构

区块链系统的体系架构一般包括数据层、网络层、共识层、激励层、合约层和应用层。本章提出的扩展架构在基础架构的基础上，分别对各层进行了改进，区块链扩展架构如图 8-3 所示。

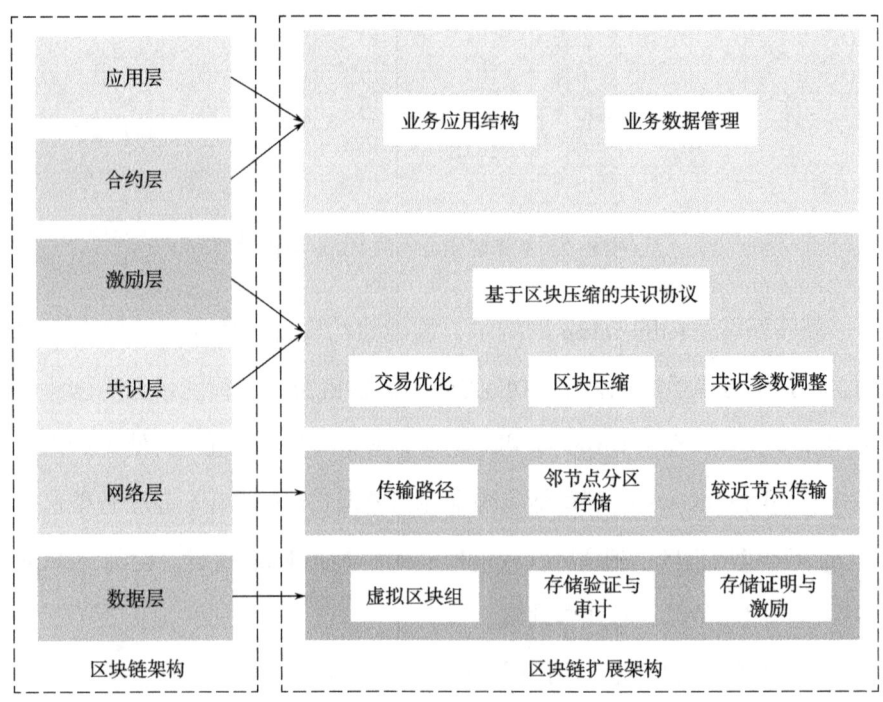

图 8-3　区块链扩展架构

扩展架构中，数据层的设计采用本书第 5 章提出的虚拟区块组（VBG）模型来扩展数据存储，减小节点存储区块链数据压力，并通过存储验证与审计、存储证明与激励等方法保障数据存储的安全性、可靠性；网络层引入本书第 6 章提出的网络传输扩展模型，即采用传输路径、邻节点分区存储、同层级较近节点传输方法以扩展网络传输，提升网络传输效率；共识激励层结合本书第 7 章提出的基于数据压缩的共识协议 PoW-BC，通过交易优化、区块压缩的方法调整共识参数，以改进 PoW 共识协议，降低共识能耗和成本，提高共识效率；应用层结合信息化系统的应用需求，设计基于区块链扩展的业务应用结构，借助存储和传输扩展方案实现信息化系统中的业务数据管理功能。

8.3.2　基于区块链扩展的应用架构

基于区块链扩展的应用架构是在区块链数据存储扩展、网络传输扩展、共识激励扩展的基础上，设计信息化系统应用区块链技术的总体架构。基于区块链扩展的应用架构如图 8-4 所示。

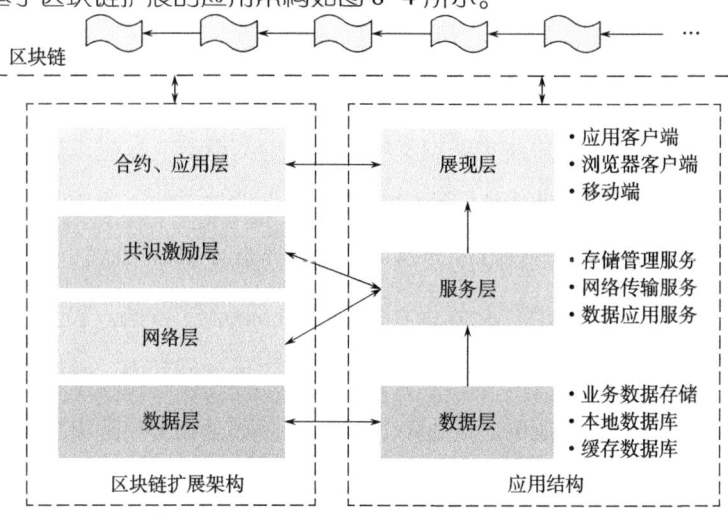

图 8-4　基于区块链扩展的应用架构

区块链扩展架构是区块链系统的总体架构，在原有的区块链系统架构的基础上，结合第 5 章数据存储扩展模型实现区块链扩展数据层，采用第 6 章网络传输扩展模型改进区块链网络层，并通过第 7 章共识改进模型构建低能耗的共识激励层。应用结构借助区块链扩展架构实现区块链技术应用于信息化系统，解决信息化系统存在的信任、溯源等问题，同时满足信息化系统的业务数据高效检索、SQL 标准的支持、数据关系管理、数据结构扩展等需求。

8.3.3 业务应用结构

区块链系统的全节点一般都存储所有的区块链数据，这造成节点存储资源的浪费，也给节点带来了数据存储的压力。区块链应用扩展方案中，节点仅需存储部分区块数据，当节点需要获取本节点未存储的数据时，可向网络中其他节点请求数据，从而减轻节点的存储负载；同时，采用本地关系型数据库管理业务数据，提升数据存储和查询效率。业务应用结构主要包括数据层、服务层、展现层，如图 8-5 所示。

数据层采用本地关系型数据库管理信息化系统的业务数据，并将数据哈希值存储到区块链上。服务层主要包括存储管理服务、网络传输服务和数据应用服务。存储管理服务同步网络中的业务数据，提供本地数据库和缓存数据库的数据管理操作；网络传输服务维护与本节点通信的所有邻节点连接，并实现节点间数据的发送与接收；数据应用服务实现业务数据的上传、验证、检索等功能。本节点首先验证接收到的数据，验证通过后存储到本地，存储管理服务将数据同步到网络中其他邻节点，并根据业务数据的各属性提供检索功能。展现层是在服务层的基础上，提供客户端可视化的操作界面。

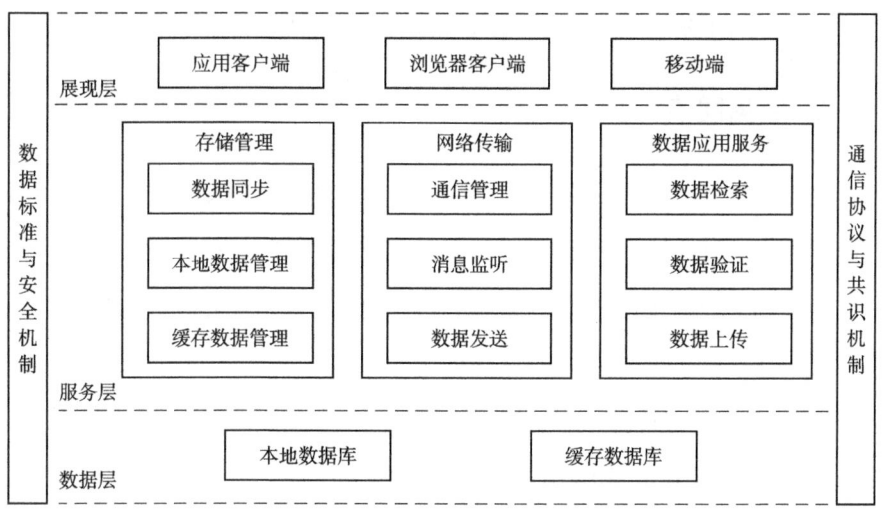

图 8-5　业务应用结构

8.4　系统设计与实现

8.4.1　应用设计

1. 邻节点更新

区块链 P2P 网络中的节点监听其他节点发送的消息，当接收到新的消息时，首先判断消息发送节点是否在本节点的邻节点列表中，若不在则将其加入邻节点中。节点首先定时向邻节点发送 Ping 消息，根据 Ping 消息的回复可判断节点的在线状态，再向在线的邻节点发送 FindNode 消息，节点接收到 FindNode 消息时，返回本节点的邻节点中的部分节点，消息发送节点再依次向返回的各邻节点发送消息，以获取更多的邻节点，并将其加入本节点的邻节点列表。

通信管理服务管理节点的所有通信节点，定时更新邻节点列表，删除无法连接的邻节点,并加入新的在线节点,尽可能保证邻节点的在线状态。

2. 数据同步

数据同步服务是将节点存储的业务数据转发给各自的邻节点,邻节点再将数据发送给其邻节点,以此类推,数据不断广播到 P2P 网络中的各节点。

数据在网络中存储的备份数理论值为 $N_{storage}$,如式(8-1)所示:

$$N_{storage} = R_{storage} \times N_{node} \qquad (8-1)$$

其中,$R_{storage}$ 为节点存储全数据的百分比;N_{node} 为网络中的节点数。

数据在网络中存储的备份数上下限为 $N_{storageUpper}$、$N_{storageLower}$,分别如式(8-2)、式(8-3)所示:

$$N_{storageUpper} = R_{storage} \times N_{node} \times (1 + R_{limit}) \qquad (8-2)$$

$$N_{storageLower} = R_{storage} \times N_{node} \times (1 - R_{limit}) \qquad (8-3)$$

其中,R_{limit} 表示数据存储备份数的上下限百分比。数据同步控制如算法 8-1 所示。

算法 8-1:数据同步控制

```
输入:newData:        节点接收到的新数据
     storageRate:    节点存储全数据百分比
     nodeAmount:     网络中节点数
     copyLimitRate:  数据备份数上下限
输出:dataCopy:       数据在网络中的备份数
1:  dataCopy ← getCopy(newData)
2:  storageCopy ← storageRate * nodeAmount
3:  lowerLimit ← storageCopy *(1-copyLimitRate)
4:  if dataCopy < lowerLimit then
    //未存储该数据且存储数据较少的邻节点
```

5：   neighborNodeList ← getNeighborNode(newData, storageCopy)

6：   for neighborNode in neighborNodeList do

7：   synchronizeData(neighborNode, newData)

8：   end for

9： end if

10：dataCopy ← getCopy(newData)

11：return dataCopy

数据同步控制算法在接收到新数据时，判断其存储备份数是否小于系统配置备份数的最小值，若小于则向 n 个未存储该数据且存储数据较少的邻节点进行数据同步，其时间复杂度为 $O(n)$。数据同步业务流程如图 8-6 所示。

数据同步服务实时监听节点更新的业务数据，接收到数据更新的消息时，节点通过数据主键查询 P2P 网络中存储该数据的备份数，若存储备份数在系统配置的范围之内，则无须处理；若存储备份数未达到系统配置的下限，则向未存储该数据且存储数据较少的邻节点发起数据存储请求，邻节点接收到数据存储请求时，将接收到的数据验证通过后存入本地数据库中。其他监听到新数据的节点，重复上述过程直到数据广播到网络中各节点。

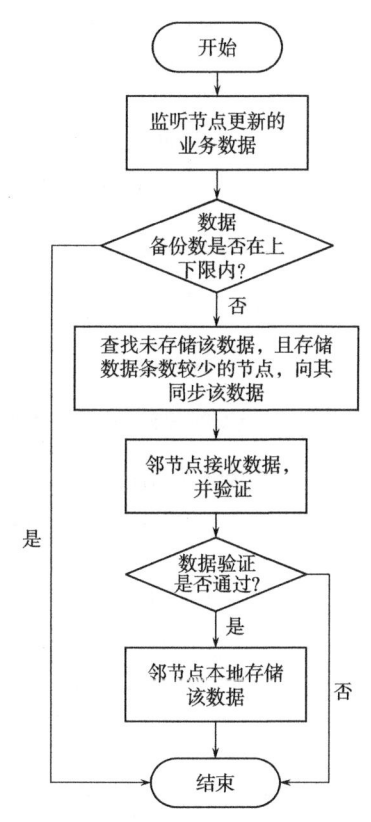

图 8-6 数据同步业务流程

3. 数据存储

业务数据的存储管理采用本地化数据库系统，可选用轻型数据库 **SQLite**、**Microsoft Office Access** 等，根据业务应用的具体需求创建数据库及业务数据表结构，数据可加密存储，节点本地不能直接编辑或篡改数据。

为了加强对数据的管理，在业务数据表结构的设计过程中，需要增加一些默认字段。业务数据表的默认字段设计见表 8-2。

表 8-2 业务数据表的默认字段

数据项	数据字段	描述
数据 ID	KEY_ID	业务数据哈希值，唯一标识
创建地址	CREATE_ADDRESS	数据创建人地址
公钥	PUBLIC_KEY	签名者的公钥
数据签名	SIGN	创建人私钥对数据的签名

表 8-2 中，KEY_ID 字段一般为业务数据的哈希值；CREATE_ADDRESS 字段为数据创建人的身份地址；PUBLIC_KEY 字段表示签名者的公钥地址；SIGN 字段为使用数据签名者私钥对数据的签名信息。数据验证时计算数据的哈希值，并与 KEY_ID 字段值比对；同时，使用公钥对签名数据进行验证，确保数据的正确性。

当信息化系统中数据量较大时，为提高数据的检索速度，可根据 KEY_ID 字段值首位将数据表划分为 36 个（26 个字母加 10 个数字）分区表，数据分区存储如算法 8-2 所示。

算法 8-2: 数据分区存储

输入: newData: 存储的数据
　　　keyId: 数据主键
　　　publicKey: 公钥

　　　　sign： 　　　　数据签名
输出:seqTable： 分区数据表序列号
1： tmpKeyId ← getHash(newData)
2： if tmpKeyId == keyId then
　// 验证数据
3： 　resultVerify ← verifyData(sign,newData,publicKey)
4： 　if resultVerify then
5： 　　i ← 0
6： 　　while i < 36 do
7： 　　　seqTable ← keyId.SubString(0,i)
8： 　　　tableName ← "table_" + seqTable
　// 创建表
9： 　　　if isNotExist(tableName)
10： 　　　　createTable(tableName)
11： 　　　end if
12： 　　　dataCount ← getDataCount(tableName)
13： 　　　if dataCount < configCount then
14： 　　　　break
15： 　　　end if
16： 　　　i++
17： 　　end while
18： 　end if
19： end if
20： return seqTable

随着信息化系统的广泛应用，当业务数据量不断增长并达到一定的数量时，可根据 KEY_ID 字段值的第二位进行下一级数据表的分区，每级分区表最多能达到 36 个。同样，根据 KEY_ID 字段值精确检索数据时，可首先定位到具体的分区表，从而提升数据检索速度，其时间复杂度为 $O(1)$。

4. 数据检索

对于信息化系统，根据不同的条件对业务数据进行检索是基本的需求。数据检索控制如算法 8-3 所示。

算法 8-3：数据检索控制

输入：keyId： 根据数据主键检索

　　　title： 根据数据标题属性检索

输出：dataResult： 查询出的数据结果集

1:　isExist ← IsExistLocal(keyId)

2:　if keyId！= " " then

3:　　if isExist then

//根据数据主键本地查询

4:　　　dataResult ← LocalQuery(keyId)

5:　　　return dataResult

6:　　end if

7:　　for neighborNode in neighborNodeList do

//根据数据主键查询邻节点

8:　　　dataResult ← QueryData(neighborNode,keyId)

9:　　　if dataResult！= null then

10:　　　　return dataResult

11:　　　end if

12:　　end for

13:　end if

```
14:  for neighborNode in neighborNodeList do
//根据标题查询邻节点
15:      dataQuery ←QueryData(neighborNode,title)
16:      dataResult.Unoin(dataQuery)
17:  end for
18:  return dataResult
```

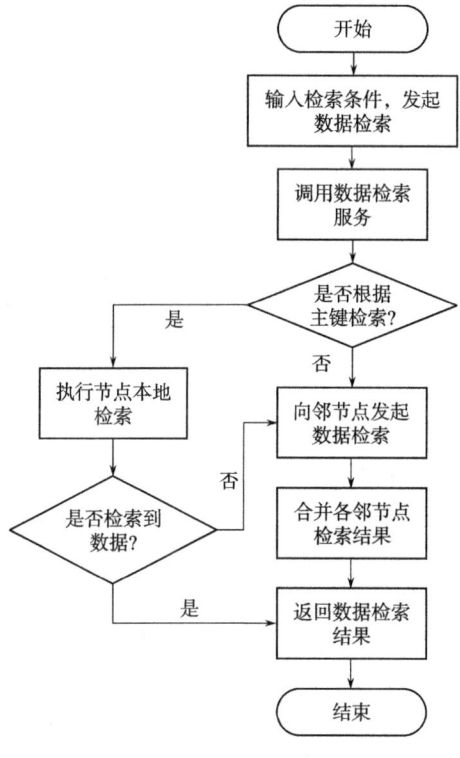

图 8-7 数据检索业务流程

数据检索控制算法在根据主键精确检索时，首先检索本地，若本地未检索到数据，则向 n 个邻节点检索，任一邻节点返回的检索结果即为本次检索结果；根据检索条件模糊查找时，则向本地和 n 个邻节点查找数据，并合并查找结果，其时间复杂度为 $O(n)$。数据检索业务流程如图 8-7 所示。

数据检索时，根据用户输入的数据检索条件，若为根据数据主键精确检索，则首先执行本地检索，如在本地检索到数据，则直接返回检索结果；若在本地未检索到数据，则向邻节点发起数据检索，当有任意一个节点返回检索结果时即可作为本次检索的结果。若根据输入的数据检索条件进行模糊查找，则向本地及邻节点同时发起数据查找请求，并合并节点返回的数据查找结果。

8.4.2 系统实现

基于区块链应用扩展的实验中，节点采用云端主机电脑，内存 4GB 以上，磁盘空间 500GB 以上，主频 2.5GHz 双核 CPU，网络带宽 10Mbps 以上，节点部署在不同的物理位置。选用 SQLite 数据库，每条数据平均约为 2.5KB。业务数据表的字段设计见表 8-3。

表 8-3 业务数据表的业务字段

数据项	数据字段	描述
标题	TITLE	书本标题，非空
描述	DESCRIPTION	书本描述，可为空
类型	TYPE	书本所属分类，非空
创建人	CREATE_USER	数据创建人，非空
创建时间	CREATE_TIME	数据创建时间，非空

实验构建的 P2P 网络中，总节点为 60 个，各节点的邻节点为 30 个左右，总数据为 60 000 条。每个节点存储全数据的 40% 时，每条数据在全网络节点中的存储备份数为：60 × 40% = 24(份)；在单个节点的网络路由中的存储备份数为：30 × 40% = 12(份)。当数据存储备份数上下限百分比配置为 50% 时，每条数据在单个节点网络路由中存储的备份数为 30 × 40% × (1 - 50%) = 6(份) 到 30 × 40% × (1 + 50%) = 18(份)。

实验中存储的总数据量为 60 000 × 2.5/1 024 ≈ 146.5MB。在实际应用过程中，当有更多的数据时，由于采用了数据分区存储管理的设计，对实验结果的影响可以忽略。

原型系统的业务数据监控页面如图 8-8 所示。

业务数据查询页面如图 8-9 所示。

第 8 章 区块链的应用扩展 | 197

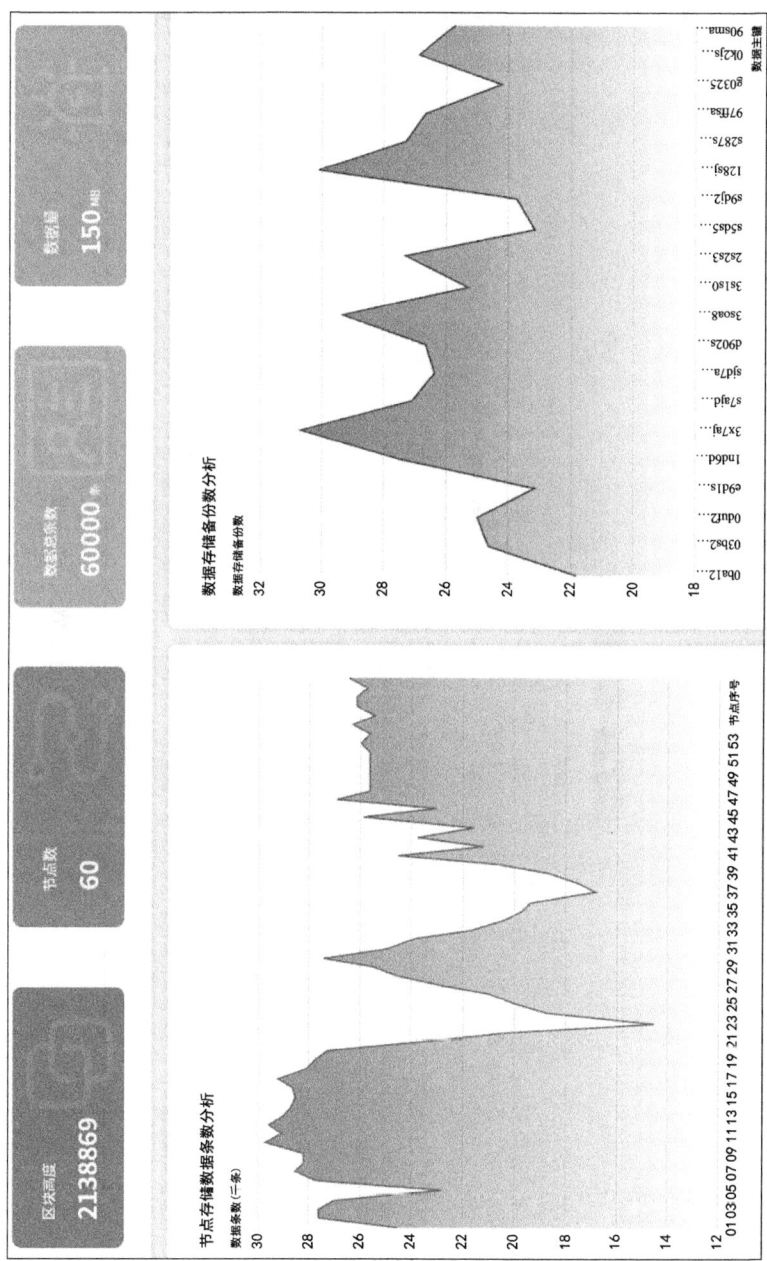

图 8-8 业务数据监控页面

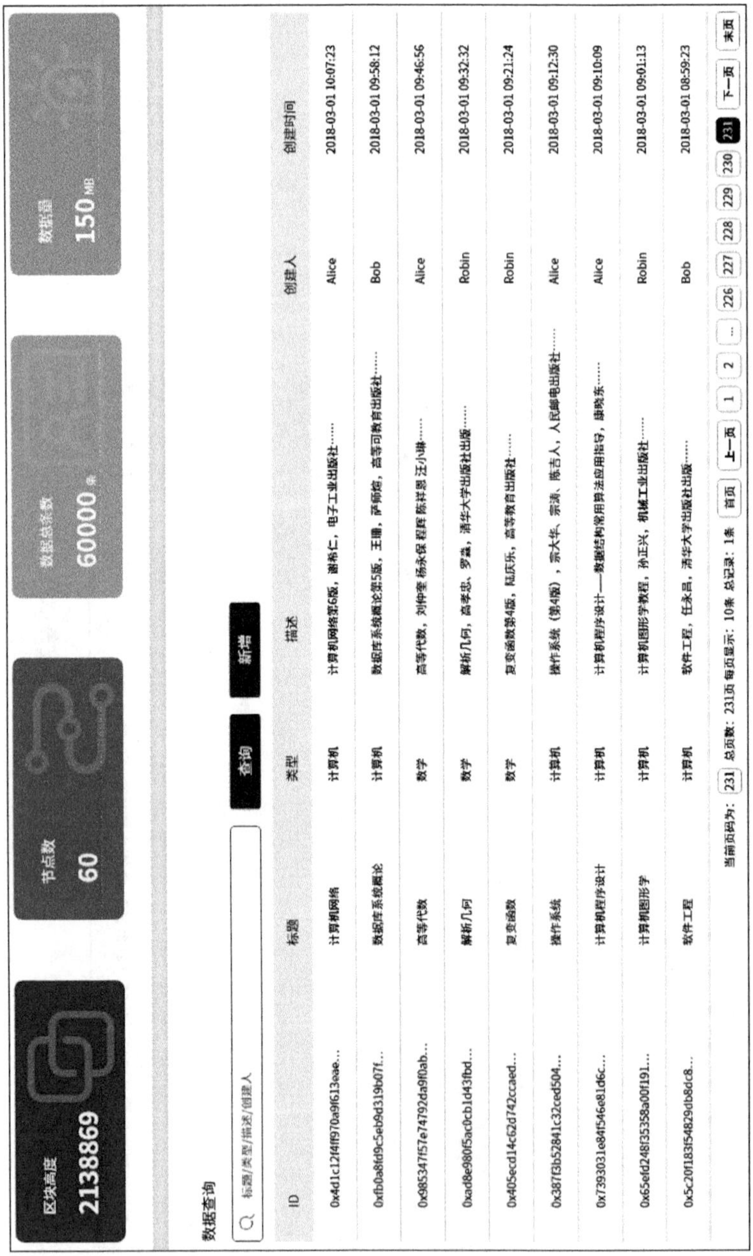

图 8-9 业务数据查询页面

8.5 分析与讨论

8.5.1 数据存储

区块链应用扩展方案中,区块链 P2P 网络的各节点仅需存储部分数据,节点存储数据条数如图 8-10 所示。

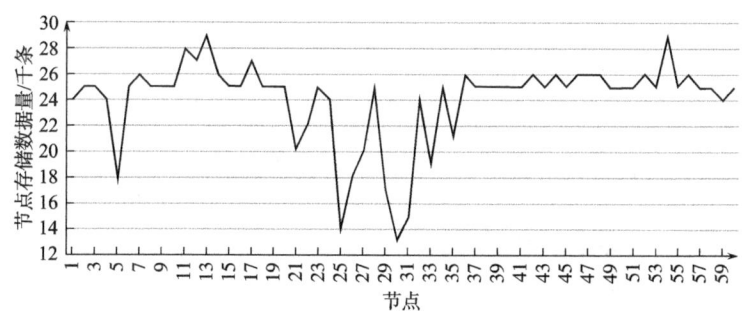

图 8-10 节点存储数据条数

根据实验的系统实现,各节点存储全数据的 40%、总数据量为 60 000 条时,节点存储数据量为 60 000 × 40% = 24 000(条),上下限偏差不超过 50%,即节点存储数据量在 60 000 × 40% × (1 - 50%) = 12 000(条)到 60 000 × 40% × (1 + 50%) = 36 000(条)。从图 8-10 的实验结果数据可以看出,节点实际存储数据量在 13 000~29 000 条,各节点存储数据趋近于均匀分布。

业务数据被同步到 P2P 网络的节点中存储,保障业务数据存储的可靠性。以随机选择的 30 条数据为例,每条数据在网络路由中存储备份数如图 8-11 所示。

根据以上实验设计,每条数据在单个网络路由中的备份数为 12~36

份 [即 60×40%×(1±50%)]。从图 8-11 的实验结果可以看出，实际每条数据存储的备份数为 19~31 份。

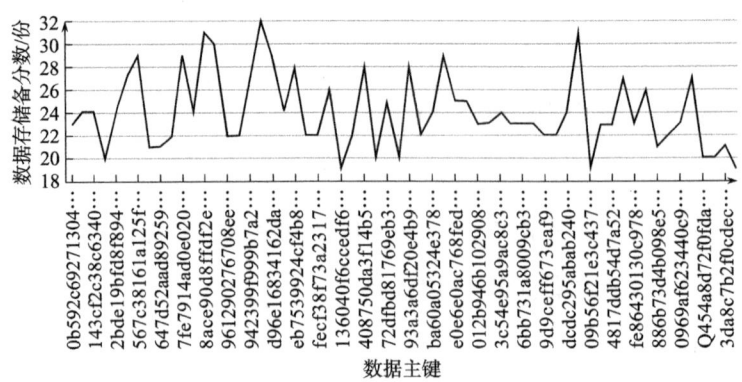

图 8-11　数据存储备份数

8.5.2　数据检索效率

在不同的查询条件下，数据检索效率见表 8-4。

表 8-4　数据检索效率对比　　　　　　　　　　　　单位：ms

查询条件	中心化关系型数据库	比特币区块链	基于区块链应用扩展方案
主键本地精确查询	15	260	55
主键网络精确查询	197	2 643	1 289
业务字段精确查询	956	不支持	3 547
业务字段模糊查询	1 435	不支持	3 952

区块链应用扩展方案中，根据业务数据主键在本地精确查询时，时长一般在 100ms 之内；在网络中根据主键查询时，时长为 1~2s；根据业务数据字段进行精确或模糊查询时，时长为 3~4s。网络中查询时，由于增加了网络传输的时间，因此降低了查询速度。从表 8-4 中的检索效率对

比可以看出，基于区块链应用扩展的方案中，其数据检索效率没有中心化和分布式关系型数据库查询效率高，但该方案提升了业务数据存储的可靠性、安全性；此外，与区块链系统现有数据管理方式相比，该方案提升了数据检索效率和存储空间的利用率。为了进一步提升数据存储系统的响应时间和用户体验，可采用中心化数据存储和去中心数据管理相结合的方法，业务数据仍然存储在中心化关系型数据库中，业务系统的所有操作直接面向关系型数据库的业务数据，保障数据应用效率不受影响；同时，采用基于区块链扩展的去中心数据管理方法，保证数据的可信、安全。

区块链应用扩展方案通过 P2P 网络节点间消息通信及数据传输，实现业务数据在节点本地部分存储和网络中多备份可靠存储，充分利用了节点间的网络资源，从而减轻了节点的数据存储压力，提升了数据使用效率，为区块链技术应用于信息化系统提供了数据管理方法。通过调整节点存储全数据的百分比等参数，可以实现节点的数据存储负载与网络的传输压力之间的平衡。

8.5.3 安全性分析

1. 存储攻击

多个节点共同发起篡改数据时，可对数据存储进行攻击。数据在网络中的存储备份数为 N_{storage}，当网络中攻击节点数大于 N_{storage} 的一半时，攻击节点可共同篡改数据，成功攻击的概率 $R_{\text{storageFault}}$ 如式（8-4）所示：

$$R_{\text{storageFault}} = \frac{\binom{N_{\text{node}} - N_{\text{nodeFault}}}{N_{\text{storage}}/2} \times \binom{N_{\text{nodeFault}}}{N_{\text{storage}}/2}}{\binom{N_{\text{node}}}{N_{\text{storage}}}} \quad (8-4)$$

其中，$N_{nodeFault}$ 表示攻击节点数。根据实验环境，总节点数 N_{node} 为 60 个，存储备份数 $N_{storage}$ 平均为 24 个，由式（8-4）作图 8-12，可以得出恶意节点篡改数据的成功概率。其中，横坐标为恶意节点占总节点数的百分比，纵坐标为篡改数据的成功概率。

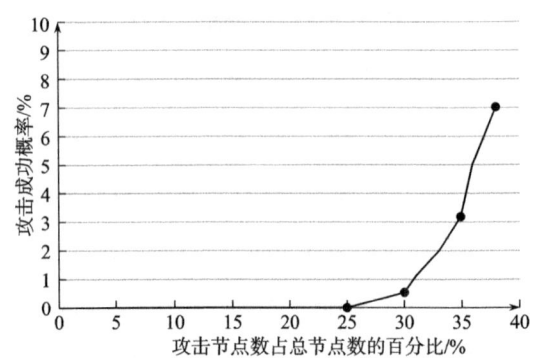

图 8-12　攻击节点篡改数据成功的概率

在攻击节点数占节点总数的 40% 以下时，篡改数据成功的概率在 10% 之内，但随着攻击节点数占节点总数的百分比增大，篡改数据成功的概率也在加速增大。由于在基于区块链技术的信息化系统数据管理中，攻击者想要篡改的数据已经产生且已经被多个区块确认，因此会存在一定的区块高度差，即使在节点算力相当的情况下，完成连续多个区块的数据篡改也几乎是不可能的。另外，由于区块链系统的激励机制，拥有如此多的节点资源时，共识所得收益将远远大于数据篡改所得收益。

2. 数据验证

数据存储验证。根据 8.4.1 节应用设计方案，每个节点定时执行邻节点的数据存储检测，包括本地数据库文件、存储的数据条数、每条数据的存储备份数等。在出现验证不通过等异常时，节点将从邻节点重新更新数据；在节点无意或恶意删除、修改本地数据时，能够保证节点数据存储的完整性和可靠性。

数据正确性验证。根据 8.4.1 节数据存储的设计，节点接收到数据时，首先将计算出的数据哈希与 **KEY_ID** 值进行比对验证，然后使用数据签名者的公钥对数据签名进行验证，达到多重验证；同时，根据本地数据库存储的数据，比对邻节点存储的数据，出现不一致时，由网络中多个节点共同确认，保障数据的正确性。

3. 节点故障或异常

一个或少数节点出现故障或异常、或恶意节点停止服务时，不会影响业务数据的完整性和正确性。

单个节点出现故障或异常的概率为 $R_{nodeFault}$，其值范围为（0，1）时，节点所在路由网络的故障或异常的概率 $R_{networkFault}$ 的理论值如式（8-5）所示：

$$R_{networkFault} = (R_{nodeFault})^{N_{neighborNode}} \quad (8-5)$$

其中，$N_{neighborNode}$ 表示节点的邻节点数。按照单个节点出现故障或异常概率 $R_{nodeFault}$ 为 50%、节点的邻节点数 $N_{neighborNode}$ 为 30 个计算，节点所在路由网络的故障或异常概率为 9.3e-10。

另外，在节点出现故障或异常时，区块链 P2P 网络的节点更新管理机制会让其他在线节点加入网络，以维护 P2P 网络的安全性和可靠性。

8.5.4 方案比较

根据 8.4.2 节原型系统的实现，各节点仅需存储所有数据的 40%，每条数据存储的备份数为 12~36 份，减轻了节点的数据存储压力（根据 8.5.1 节分析内容）；依据业务数据字段查询时，响应时间不超过 4s，增加了一定的数据传输时长(根据 8.5.2 节的分析内容);攻击节点数不超过总节点数 40% 时,篡改数据成功概率在 10% 之内,存储节点故障或异常的概率也较低,保证了业务数据存储的安全性、可靠性(根据 8.5.3 节的分析内容)。

区块链应用扩展方案在设计时,综合考虑了关系型数据库、区块链智能合约等方案的优缺点。基于区块链应用扩展的方案与其他方案的对比如表 8-5 所示。

表 8-5 基于区块链应用扩展的方案与其他方案的对比

方案	无单点故障	检索高效性	SQL 标准支持	数据可信	可溯源
关系型数据库	×	√	√	×	×
智能合约	√	×	×	√	√
外联数据库	×	√	√	√	√
内置索引	√	对已建索引字段高效	对已建索引字段支持	√	√
基于区块链扩展的应用方案	√	√	√	√	√

关系型数据库是目前大多数信息化系统所采用的数据管理方式,其检索效率高,但不具备区块链的可追溯、真实可信等特点。区块链智能合约在数据检索性能、安全性等方面不具备关系型数据库的优越性。外联数据库需要借助外部的数据存储系统,降低了去中心化程度,增加了外部数据存储系统故障或被攻击的风险。内置索引方案需要针对不同的检索条件创建对应的索引,可扩展性较弱。

基于区块链应用扩展的方案结合了区块链数据存储和网络传输扩展方法,增加了一定的实现复杂度,但该方案具有区块链固有的去中心化(根据 8.5.3 节的分析内容)等相关特性,同时也继承了关系型数据库系统的检索效率高、SQL 标准的支持、数据结构与数据类型的可扩展性等优势（根据 8.5.2 节的分析内容）。

8.6　本章小结

　　本章结合区块链数据存储、网络传输扩展方法及信息化系统数据管理的需求，设计基于区块链应用扩展的总体结构，提出一种基于区块链应用扩展的信息化系统应用区块链技术的解决方案。利用节点间消息通信，节点仅需存储部分数据就能够保证业务数据存储的可靠性、一致性；通过签名和数据验证机制，可保障数据存储的安全性和正确性；节点采用关系型数据库存储业务数据，实现了业务数据的高效存储与快速检索等管理功能。区块链应用扩展方案减轻了节点的数据存储压力，提升了业务数据的利用率，扩展了基于区块链技术的信息化系统现有的数据管理方式，从而推动了区块链技术应用于行业领域的信息化系统的进程。❶

---

　　❶　基于本章的主要研究内容,参看笔者论文:基于区块链存储扩展的结构化数据管理方法[J]. 北京理工大学学报(自然科学版),2019,39(11):1160-1166. 针对信息化系统中非结构化的文件数据的存储,在已授权专利《基于区块链的大文件管理系统及方法》中,已给出具体的解决方案,可以融入区块链技术应用于信息化系统的架构和解决方案。

参考文献

一、中文文献

[1] ChainSQL 区块链白皮书 V3.0[EB/OL].[2020-12-04]. http://www.chainsql.net/PDF/ChainSQL 区块链白皮书 V3.0.pdf.

[2] DappOnline l发现全世界 DApp[EB/OL].[2023-11-28]. https://dapponline.io.

[3] 工业和信息化部.中国区块链技术和应用发展白皮书[EB/OL].(2018-07-23)[2023-04-15]. https://max.book118.com/html/2018/0723/5001101021001303.shtm.

[4] 黄建波.一种基于虚拟化的存储高可用系统的设计[D].广州:华南理工大学,2016.

[5] 贾大宇,信俊昌,王之琼,等.区块链的存储容量可扩展模型[J].计算机科学与探索,2018,12(4):525-535.

[6] 李晓华,王怡帆.数据价值链与价值创造机制研究[J].经济纵横,2020(11):54-62.

[7] 刘敖迪,杜学绘,王娜,等.区块链技术及其在信息安全领域的研究进展[J].软件学报,2018,29(7):2092-2115.

[8] 潘晨,刘志强,刘振,等.区块链可扩展性研究:问题与方法[J].计算机研究与发展,2018,55(10):7-18.

[9] 邵奇峰,金澈清,张召,等.区块链技术:架构及进展[J].计算机学报,2018,41(5):969-988.

[10] 孙威. 基于 Django 和数据库优化策略的比特币信息查询系统[D]. 上海:东华大学,2016.

[11] 谭海波,周桐,赵赫,等. 基于区块链的档案数据保护与共享方法[J]. 软件学报,2019,30(9):2620-2635.

[12] 腾讯区块链[EB/OL]. [2022-08-13]. https://trustsql.qq.com.

[13] 武岳,李军祥. 区块链 P2P 网络协议演进过程[J]. 计算机应用研究,2019,36(10):2881-2886,2929.

[14] 姚前,朱烨东. 中国区块链发展报告(2020)[M]. 北京:社会科学文献出版社,2020:1-19.

[15] 闫莺,郑凯,郭众鑫. 以太坊技术详解与实战[M]. 北京:机械工业出版社,2018:1-14.

[16] 杨保华,陈昌. 区块链原理,设计与应用[M]. 北京:机械工业出版社,2017:9-19.

[17] 喻辉,张宗洋,刘建伟. 比特币区块链扩容技术研究[J]. 计算机研究与发展,2017,54(10):2390-2403.

[18] 袁勇,倪晓春,曾帅,等. 区块链共识算法的发展现状与展望[J]. 自动化学报,2018,44(11):2011-2022.

[19] 袁勇,王飞跃. 区块链技术发展现状与展望[J]. 自动化学报,2016,42(4):481-494.

[20] 曾诗钦,霍如,黄韬,等. 区块链技术研究综述:原理,进展与应用[J]. 通信学报,2020,041(001):134-151.

[21] 中国信息通信研究院. 区块链白皮书(2020 年)[Z]. 2020:3-11.

二、英文文献

[1] ANDROULAKI E,CACHIN C,FERRIS C, et al. Hyperledger Fabric:A Distributed Operating System for Permissioned Blockchains[C]//EuroSys'18:Thirteenth EuroSys Conference. 2018(April):23-26.

[2] ANTONOPOULOS A M, HARDING D A. Mastering Bitcoin: Programming the Open Blockchain [M]. 3rd Edition. Farnham: O'Reilly Media, Inc. 2023:12.

[3] ATZEI N, BARTOLETTI M, CIMOLI T. A Survey of Attacks on Ethereum Smart Contracts (SoK) [C]//Proceedings of the 2017 International Conference on Principles of Security and Trust. Berlin: Springer, 2017:164-186.

[4] BAIRD L. The Swirlds Hashgraph Consensus Algorithm: Fair, Fast, Byzantine Fault Tolerance[R]. Swirlds Tech Reports SWIRLDS-TR-2016-01, Tech. Rep. , 2016.

[5] BAMERT T, DECKER C, ELSEN L, et al. Have a Snack, Pay with Bitcoins[C]// IEEE P2P 2013 Proceedings. IEEE, 2013:1-5.

[6] BARJINI H, OTHMAN M, IBRAHIM H, et al. Shortcoming, Problems and Analytical Comparison for Flooding-Based Search Techniques in Unstructured P2P Networks[J]. Peer-to-Peer Networking and Applications, 2012, 5(1):1-13.

[7] CACHIN C. Architecture of the Hyperledger Blockchain Fabric[C]//Workshop on Distributed Cryptocurrencies and Consensus Ledgers. 2016: 310.

[8] CASTRO M, LISKOV B. Practical Byzantine Fault Tolerance[C]//Proceedings of the Third Symposium on Operating Systems Design and Implementation, 1999, 99(1999): 173-186.

[9] COLLINS R. Blockchain: A New Architecture for Digital Content[J]. EContent: The Magazine of Electronic Research & Resources, 2016, 39(8):22-23.

[10] CROMAN K, DECKER C, EYAL I, et al. On Scaling Decentralized Blockchains [C]//International Conference on Financial Cryptography and Data Security. Berlin: Springer, 2016:106-125.

[11] DOUCEUR J R. The Sybil Attack[C]// International Workshop on Peer-to-Peer Systems. Berlin, Heidelberg:Springer,2002:251-260.

[12] FISCHER M J, LYNCH N A, PATERSON M S. Impossibility of Distributed Consensus With One Faulty Process[J]. Journal of the ACM, 1985, 32(2):374-382.

[13] GAETA R, SERENO M. Generalized Probabilistic Flooding in Unstructured Peer-to-Peer Networks [J]. IEEE Transactions on Parallel and Distributed Systems, 2011, 22(12):2055-2062.

[14] GERVAIS A, KARAME G O, WüST K, et al. On the Security and Performance of Proof of Work Blockchains[C]//ACM SIGSAC Conference on Computer and Communications Security, 2016:3-16.

[15] GILBERT S, LYNCH N. Brewer's Conjecture and the Feasibility of Consistent, Available, Partition-Tolerant Web Services[J]. ACM SIGACT News, 2002, 33(2):51-59.

[16] HASSANI H, XU H, SILVA E. Big-Crypto: Big Data, Blockchain and Cryptocurrency[J]. Big Data and Cognitive Computing, 2018, 2(4):34-34.

[17] HUFFMAN D A. A Method for the Construction of Minimum-Redundancy Codes[J]. Proceedings of the IRE, 1952, 40(9):1098-1101.

[18] JOHNSON D, MENEZES A, VANSTONE S. The Elliptic Curve Digital Signature Algorithm (ECDSA)[J]. International Journal of Information Security, 2001, 1(1):36-63.

[19] LAMPORT L, SHOSTAK R, PEASE M. The Byzantine Generals Problem[J]. ACM Transactions on Programming Languages and Systems (TOPLAS), 1982, 4(3):382-401.

[20] LEUNG D, SUHL A, GILAD Y, et al. Vault: Fast Bootstrapping for the Algorand Cryptocurrency[C]//Network and Distributed Systems Security (NDSS) Symposium. 2019:24-27.

[21] LEWENBERG Y, SOMPOLINSKY Y, ZOHAR A. Inclusive Block Chain Protocols [C]//International Conference on Financial Cryptography and Data Security. Berlin, Heidelberg:Springer, 2015:528-547.

[22] LI W, ANDREINA S, BOHLI J M, et al. Securing Proof-of-Stake Blockchain Protocols [C]//European Symposium on Research in Computer Security International Workshop on Data Privacy Management Cryptocurrencies and Blockchain Technology. California:Springer, 2017:297-315.

[23] LUU L, NARAYANAN V, ZHENG C, et al. A Secure Sharding Protocol for Open Blockchains[C]//Proceedings of the 2016 ACM SIGSAC Conference on Computer and Communications Security. ACM, 2016:17-30.

[24] MAYMOUNKOV P, MAZIERES D. Kademlia: A Peer-to-Peer Information System Based on the XOR Metric[C]//IPTPS 2002. Lecture Notes in Computer Science, Berlin, Heidelberg: Springer, 2002, (2429):53-65.

[25] MERKLE R C. A Digital Signature Based on a Conventional Encryption Function [C]//POMERANCE C. Advances in Cryptology — CRYPTO '87. Lecture Notes in Computer Science, Berlin, Heidelberg:Springer, 1987, 293:369-378.

[26] MERKLE R C. Protocols for Public Key Cryptosystems[C]//1980 IEEE Symposium on Security and Privacy. IEEE Computer Society Press, U.S, 1980:122-133.

[27] OUADDAH A, ELKALAM A A, OUAHMAN A A. FairAccess: A New Blockchain - Based Access Control Framework for the Internet of Things[J]. Security and Communication Networks, 2017, 9(18):5943-5964.

[28] PEASE M, SHOSTAK R, LAMPORT L. Reaching Agreement in the Presence of Faults[J]. Journal of the ACM (JACM), 1980, 27(2):228-234.

[29] RATNASAMY S, FRANCIS P, HANDLEY M, et al. A Scalable Content-Addressable Network[J]. ACM SIGCOMM Computer Communication Review, 2001, 31(4):161-172.

[30] REINSEL D, GANTZ J, RYDNING J. Data Age 2025: The Digitization of the World from Edge to Core[R]. IDC White Paper, 2018.

[31] ROWSTRON A, DRUSCHEL P. Pastry: Scalable, Decentralized Object Location, and Routing for Large-Scale Peer-to-Peer Systems[C]//GUERRAOUI R. Middleware 2001. Lecture Notes in Computer Science. Berlin, Heidelberg:Springer, 2001(2218): 329-350.

[32] STOICA I, MORRIS R, LIBEN-NOWELL D, et al. Chord: A Scalable Peer-to-Peer Lookup Service for Internet Applications[C]// ACM SIGCOMM 2001. IEEE/ACM Transaction on Networking, 2001, 11(1):17-32.

[33] SUKHWANI H, MARTINEZ J M, CHANG X L, et al. Performance Modeling of PBFT Consensus Process for Permissioned Blockchain Network (Hyperledger Fabric)[C]//2017 IEEE 36th Symposium on Reliable Distributed Systems (SRDS), Hong Kong: 2017:26-29.

[34] WANG L, KANGASHARJU J. Measuring Large-Scale Distributed Systems: Case of Bittorrent Mainline Dht[C]//Peer-to-Peer Computing (P2P), 2013 IEEE Thirteenth International Conference, 2013:1-10.

[35] YU Z, LIU X, WANG G. A Survey of Consensus and Incentive Mechanism in Blockchain Derived From P2P[C]//Proceedings 2018 IEEE 24th international Conference on Parallel and Distributed Systems, 2018:1010-1015.

[36] ZHANG X, WANG H, SHI P, et al. LS4BUCC: A Low Overhead Storage Architecture for Blockchain Based Unmanned Collaborative Cognition System[C]//Proceedings 2019 IEEE International Conference on Service-Oriented System Engineering (SOSE), 2019:221-226.

[37] ZIV J, LEMPEL A. A Universal Algorithm for Sequential Data Compression[J]. IEEE Transactions on Information Theory, 1977, 23(3):337-343.